以心筑苑　人作天开

——筑苑·园林古建高峰论坛年度报告（一）

筑苑理事会　编

中国建材工业出版社

图书在版编目(CIP)数据

以心筑苑　人作天开：筑苑·园林古建高峰论坛年度报告．一/筑苑理事会编．—北京：中国建材工业出版社，2018.5

ISBN 978-7-5160-2255-9

Ⅰ．①以…　Ⅱ．①筑…　Ⅲ．①园林建筑—文集　Ⅳ．①TU986.4—53

中国版本图书馆 CIP 数据核字（2018）第 080921 号

以心筑苑　人作天开
筑苑理事会　编

出版发行：中国建材工业出版社
地　　址：北京市海淀区三里河路 1 号
邮政编码：100044
经　　销：全国各地新华书店
印　　刷：北京雁林吉兆印刷有限公司
开　　本：787mm×1092mm　1/16
印　　张：10
字　　数：160 千字
版　　次：2018 年 5 月第 1 版
印　　次：2018 年 5 月第 1 次
定　　价：58.00 元

本社网址：www.jccbs.com　　微信公众号：zgjcgycbs
本书如出现印装质量问题，由我社市场营销部负责调换。联系电话：(010)88386906

以心築苑
天人合作
闻作苑心

築苑叢書雅存 丁酉端午

孟兆祯

孟兆祯先生题字
中国工程院院士、北京林业大学教授

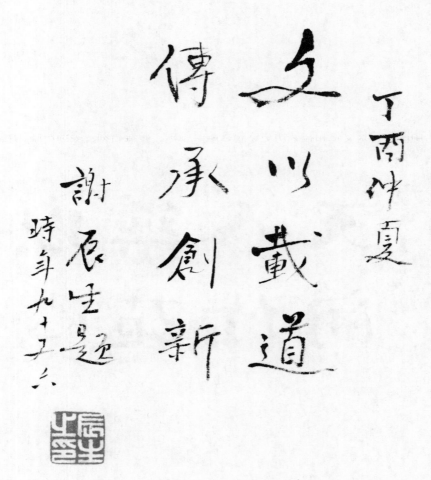

文以載道
傳承創新

丁酉仲夏

謝辰生題
時年九十又六

谢辰生先生题字
国家文物局顾问

前　言

　　中国古建筑文化和技艺历史悠长，雕梁画栋、砖雕石刻、装饰户牖，无不巧夺天工，此为"筑"；中国园林更是将自然山水与生活完美融合，使人虽身居斗室，亦可尽享林泉花木、亭台池馆之胜，此为"苑"。一筑一苑，沉淀着中国人细致精湛的技艺与天人合一的智慧。

　　筑苑理事会凝聚着业界专家学者、企业精英的智慧与力量，着眼于园林古建传统文化，结合时代创新发展，广泛开展学术交流，先后于 2017 年在青海西宁、2018 年在湖南岳阳组织召开园林古建行业论坛。

　　本书汇集了 2017 年"融汇与生长——自然和文化视野下的民族建筑与园林艺术"主题交流研讨会的精彩报告以及 2018 年"人居意境与美丽中国"园林古建高峰论坛征集的来自各界专家学者的论文。在此诚挚感谢各位专家的倾情奉献，并对给予本届会议大力支持、热情帮助和积极参与的社会各界人士表示衷心的感谢！

　　文集编辑出版时间较为紧促，可能存在不足或差错，也恳请读者予以理解和原谅。希望本文集能为青山绿水，为美好人居，为文脉传承有所借鉴，为活跃百花齐放、百家争鸣的行业氛围有所裨益。

筑苑理事会

目 录

中国南北古典园林之美学特征

陆 琦

华南理工大学

摘 要 中国南北古典园林的造园形式和表现有着自己独特之处，论文就环境特征、文化特征、空间特征、性格特征、艺术特征等方面进行分析，阐述北方皇家园林与南方私家园林之间美学特征之异同。

关键词 皇家园林；江南私园；岭南私园；特征

赋予园林美学的内涵很广，但首先给予人们美感的是园林的形式美，通过园林的空间形态、形体特征、景观物象等，从而达到象外之象、景外之景的艺术意境美。造园艺术的美学就是通过造园手法来表述其造园理念。中国南北园林的造园形式和表现有着自己独特之处，其园林美学特征，北方皇家园林和南方私家园林有着很大的区别，下面就环境特征、文化特征、空间特征、性格特征、艺术特征等方面分别论述。

1 环境特征

北方园林造园以皇家园林为主，其造园的大环境主要依托自然山水景观，在环境选址方面，皇家园林造园是在利用自然环境的基础上进行改造。因此，首要条件是必须要有良好的造园环境，即山水景观环境。北京的大型园林集中在西郊，从自然环境来看，西郊有着得天独厚的条件，西山峰峦起伏，列嶂拥翠，成为造园极好的借景。西郊也是泉水溢出带，汇成大小不等的湖泊池沼，造园利用水这个园林中最活跃的因素，巧妙安排，使其在各园中体现出不同的艺术风格，或辽阔浩淼，或蜿蜒回旋，既有宁静的平湖淡泊，也有喧嚣的流泉飞瀑，形成了活泼多姿，生趣盎然，各具特色的园林（图1）。

1

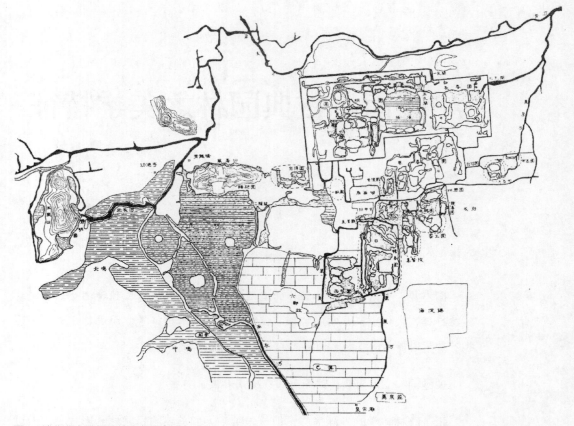

图1 清代北京西郊园林分布示意图
（摘自赵兴华《北京园林史话》第二版）

位于西郊香山的静宜园，园林布局以山为主，景点分散于山野丘壑之间，山势俊秀，树木葱茏，环境幽雅，景色宜人。位于西郊玉泉山麓的静明园，园以泉取胜，五、六个湖泊相串连，其中以玉泉最为有名，泉水自石穴喷涌而出，高达尺许，汇聚成湖，为静明园十六景之一的"玉泉趵突"，被乾隆皇帝评为"天下第一泉"。玉泉山主峰上建有一座七层八面的玉峰塔，也是静明园十六景之一的"玉峰塔影"，亭之玉立，为玉泉山的秀丽姿态增加了诗情画意，同时也成为了颐和园的重要借景。

颐和园也位于北京西郊，它由万寿山和昆明湖两大部分组成，素以人工建筑与自然山水巧妙结合著称于世。清乾隆时开始对山湖进行大规模的改造与建设，扩大水域范围，利用浚湖的土方按造园布局所需堆筑成坡，使万寿山东西两坡舒缓而对称，成为全园的主体，并将水系延伸，与后山湖水形成环抱之势，从而形成"秀水明山抱复回，风流文采胜蓬莱"的胜境。总体布局依托山湖之自然地势环境，北侧依山，南面临水，湖光山色，相映生辉。依据自然水体进行人工造园的圆明、长春、绮春三园，既有广阔的湖面，也有狭窄的溪流；既有岸芷汀兰，饶有野趣的山间深涧，也有引水围以厅堂楼阁，形成水庭。碧水长流，清泉涌出，水景成为园林中造景得景的重要因素，使园林大为增色。这些变化多姿的理水艺术，同配置适当的叠山、丰富多彩的建筑以及类别繁多的树木花卉巧妙结合，使圆明三园成为我国造园艺术达到一个新高峰的大型皇家园林。

同样成为中国造园一绝的江南园林，其造园环境与北方皇家园林截然不同，江南私园大都在城区，其园基往往是一无山，二无水的平地，最多是小有起伏的地面而已。因此，所谓"高阜可培，低方宜挖"，[1] 就得依仗于大量的人工。如苏州园林，虽居市井，但也不惜以人工的方法"开池浚壑，理石挑山"，[2] 在极为有限的空间内，用象征的方法去营造咫尺山林的气氛，重现大自然的境界，使园林成为自然山水的缩影。江南私家园林的造园环境，是通过人工造景的掇山理水方式，但"虽由人作，宛自天开。"[3] 江南园林的叠石理水，也都无不以其"有若自然"而赢得人们的赞赏，这说明在江南造园理念中，园林艺术的最高境界，是由人工之"假"最终归复到天然之"真"，园林造景本于自然，有若自然。

如果说皇家园林是在依托自然环境，进行大规模人工改造自然环境的造园，而江南园林大多在一般的人文环境中，进行模仿自然山水的造园。岭南园林则有与上述两种都不同的造园方式，岭南园林基本上是依托和利用自然环境，对自然环境尽可能不作大的调整和改造。岭南园林的营建，最重视的是选址，而选址也最能表现出建园者的审美取向和生活意趣。岭南的建园原则是尽可能离开闹市，把园林宅第建在真山真水的大自然环境中，甚至将宅园融入大自然，成为其中的一部分，建园者崇尚自然，追求平实，不会过分追求人工制造的假山流水，也不羡慕江南园林那种在咫尺中营造山林的巧构。

从广州明、清的园林中，我们能发现各个园林群落表现出来的选择意趣。城北诸园所取的是背枕林木耸翠的越秀山，园林环境清幽且兼具野趣；城南诸园则选择在珠江沿岸，远离通衢闹市，面对浩浩大江，视野开阔，风帆沙鸥，凌波溯流，朝晖夕阴，渔歌晚唱，都可尽情领略，有些园宅直逼江边，一舟到门，虽幽静逊于城北诸园，但耳目所感则另异其趣；城西诸园与上述两处的宅园环境有所不同，既非山野，也非阔江，而是河涌纵横、湖池清秀的城郊村野风光，

---

[1] 明·计成. 园冶·立基.
[2] 明·计成. 园冶·傍宅地.
[3] 明·计成. 园冶·园说.

荔枝湾、柳波涌景色俊美，田中的植花、湖中的荷花与无数荔枝树相映成晖。广州最大的园林海山仙馆就建于此，当时的盐运使方濬颐称此园"广袤十里，虽屡游而未获遍揽其胜"，清人俞洵庆评价该园道："然潘园之胜，为有真水真山，不徒以有楼阁华整，花木繁缛称也。"[1] 海山仙馆之所以能尽情发挥景物配置之妙，相信与这里的优越环境有关。广州城倚山面江，建园者着眼于这个自然环境，不依山则近江，务求环境清幽，融入大自然而得山水之趣。

2　文化特征

自汉武帝采纳董仲舒"罢黜百家，独尊儒术"的思想体系之后，确定了以"三纲""五常"为核心的封建宗法思想和封建制度理论基础，儒家把建立尊卑贵贱的等级秩序，看成是天经地义的宇宙法则，是立国兴邦的人伦之本，这种等级制度分明的意识观念，贯穿整个社会的各个形态，不但包括权力分配与物质分配，同时也包括精神与审美情感等方面。

受儒家思想影响，北方皇家宫苑体现着严整与规则，讲究对称秩序，表现出一种强烈崇闳严肃美的艺术效果，其造园风格受到宫殿建筑风格影响以及精神需要所制约。《汉书·高帝纪》中载："天下方定，故可因以就宫室。且夫天子以四海为家，非令壮丽，亡（无）以重威，且亡令后世有以加也。"可见，园林宫苑建筑除了物质的实用功能性以外，还有其精神性的作用。通过建筑的"壮丽"风格，以加强和渲染皇权之神圣威严，从而在精神上也能威震"四海"。北方宫苑的"壮丽"，还反映在建筑物的题名和建筑物的装饰、装修、色彩以及陈设上，建筑物的题名使人感到珠光宝气、五光十色，单是西苑北海就有琼华岛、九龙壁、五龙桥、"金鳌玉蝀"桥、"积翠"和"堆云"牌坊、蟠青室、紫翠房、宝积楼、环碧楼、琳光殿、大琉璃宝殿等。就现存的北京宫苑来看，其建筑物都喜用多种强烈的原色，如黄色的屋顶、绿色的琉璃瓦与屋身的红柱彩枋交错成文，以求鲜明的对比效果来突出其崇高壮丽，使之颜色鲜明，金铺交映，玉题生辉，雕绘藻饰，绚丽斑斓。

道、释诸家思想也对皇家园林有较大的影响。园林选址于山清水秀的原野风光中，布局建构则取神话传说的"一池三山"模式，模拟仙家生活的海上神山，挖池蓄水留有蓬莱、方丈、瀛洲三岛，以求超凡入仙之胜境。北京西苑三海，由北海琼华岛、中海犀牛台水云榭及南海瀛台组成其"一池三山"；而西郊颐和园

---

[1] 清·俞洵庆. 荷廊笔记.

昆明湖内，则有南湖岛、藻鉴堂、治镜阁构成"一池三山"格局（图2）。皇家园林随处可见佛寺庙宇或梵意命名之建筑，如北海白塔永安寺、西天梵境、极乐世界、大西天、静心斋等；颐和园大报恩延寿寺、佛香阁、须弥灵境、智慧海等。

图2　北京颐和园总平面图
（摘自《中国建筑史》）

5

　　江南士大夫文人园林体现了老庄佛禅混为一体的哲学内涵。儒道佛互补是古代思想理论的精髓，它以儒家思想为主倡导入世，而又以佛、道思想为铺修身养性，"达则兼济天下，穷则独善其身"，文人士大夫可用孔孟之理来勉励求进，亦可从老庄禅道里寻求慰藉。佛、道之间尽管对世界和人生的看法不尽相同，但二者在注重内省、拒绝物欲诱惑方面彼有共同点，这些正好能给予失意之士人以精神上之安慰。当社会和时代给士大夫们创造外在的理想追求和内在的欲望满足可行之路时，儒家人生观的积极面占据主导地位；反之，士大夫则避开社会的盛衰兴亡，退归自己的躯壳之中，自我陶醉于有限的满足之中。"据于儒，依于老，逃于禅"成为文人士大夫的一种精神生活模式。士大夫阶层在政治抱负难以实现时，许多士大夫则对现实生活采取了超然的态度，追求老庄无为浪漫、逍遥悠游的隐士生活方式，热衷于山水间的静思默想，退隐山林，游山玩水，以诗画琴棋为乐。

　　唐宋以来，禅宗普遍渗透到士大夫中间，影响其人生态度和生活情趣，以清净淡泊之心性而随缘任何，以心性之常去应付世间沧桑，文人士大夫追求平淡清深、幽雅脱俗的意境美。庄、禅融合而形成的逍遥物外、超越名相、适意达性的心灵世界，是文人园林创造空灵隽永意境之基础。在这样的园林境界中，文人士大夫所获得的不单是身心之乐，而且能够寄他们的精神理想——得其心源，游心适意。禅的精神实质就是要人不向"外"寻觅，而要向"内"体悟自己的生命本性。[1] 只要心性虑空自在，无所束缚，处境不染，便可处处得法、时时在道，不管位于何处，都能在自己的内心中构筑一片安然自在的天地。自然脱俗的情怀不必靠迹寄荒野来实现，也不必非要山环水绕的园林环境所依托，只要片石勺水，丛花数竹，即使身处闹市，也能达到进退自如、宁静自然的野逸境界，心性境界不依赖外界环境，而靠恬和澹泊的心去获得。士大夫们倾心于这种精神天地，立足于自己的心性之中，在有限的空间形态中求得一己性情的自得自适。

　　岭南园林既受儒、道思想影响，也有世俗思想的体现。儒学与老庄美学思想反映在岭南园林上，是一种对立的统一，前者体现在园林的造园手法，后者表现在园林的环境选址。与江南园林相比，岭南园林的特点为自然环境中的人工艺术，既然是人工的，就要充分表达这种人为的特征。"文"饰艺术在岭南的建筑及园林中有很强的表现，常用各种工艺手法来表达其艺术效果，包括石雕、

---

[1] 任晓红. 禅与中国园林 [M]. 北京：商务印书馆，1994.

砖雕、木雕、陶塑、灰塑、灰批、彩描、嵌瓷等艺术处理，以至建筑看上去有装饰堆砌之感。

岭南园林世俗功用的审美观念表现强烈，造园不拘于传统的形制和模式，以适用出发，注重园林的经济实用，布局的便捷旷朗，装饰的平和通俗，园景的自然实在，以达到情趣雅俗共赏。园林空间将日常功用与赏心悦目有机地结合起来，以生活享受为主，园林与住宅融为一体，并以居住建筑作为园林的主体。园不在大小，舒坦就好，广州番禺余荫山房园门上的对联"余地三弓红雨足，荫天一角绿云深"概括了此意，三弓余地虽小，有荫天一角足矣，表达了园主人之生活追求（图3）。

图3　广州番禺余荫山房庭园入口

3 空间特征

江南私家园林的空间特征是一种封闭性的内收型，造园时注重园内空间和景观之间的关系，把人们娱乐、观赏等注意力都放在园内之中，尽管园内造园在景观或景点的处理上是采用开阔、开敞、通透、渗透等手法，使得园内空间富有层次，但园林基本上与园外空间是隔绝的，并不发生多大关系。这种造园布局方式主要与文人士大夫推崇的隐逸风气有关。

江南私家园林的造园虽然讲究对景、借景，也只是园中景色的相互因借。从造园理念上来讲，园主人并非要求园内外空间的交融或视线交流。由于江南私家园林的这种园内外空间的限定性，于是将园内大空间分成若干个不等的小空间，使空间层次丰富，通过院门、漏窗等渗透手法以及空间对比、延长观赏路线等形式来解决空间的约束和限定，以达到小中见大的效果（图4、图5）。

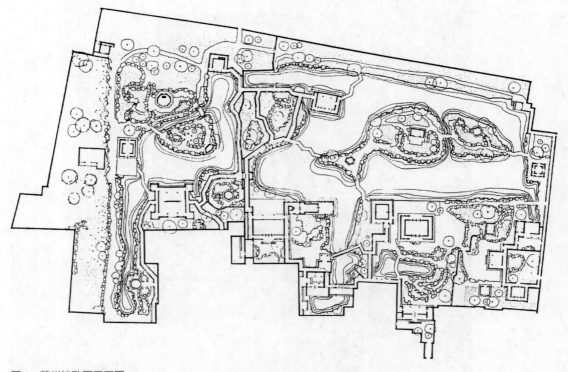

图 4　苏州拙政园平面图
（摘自周维权《中国古典园林史》）

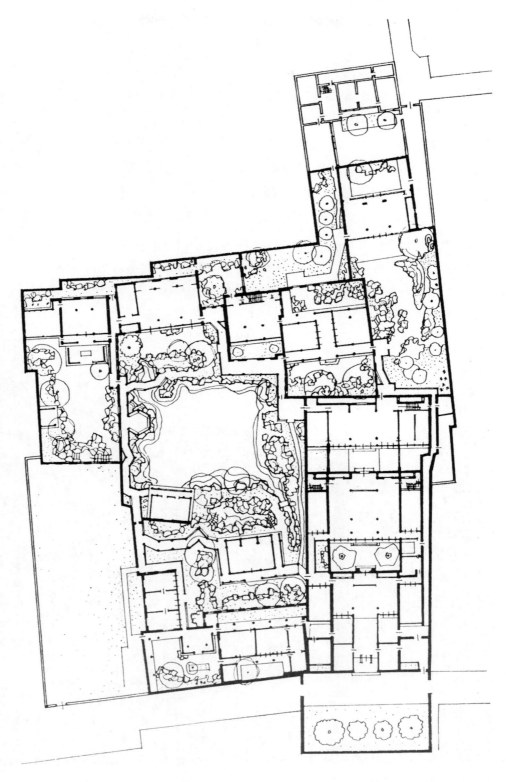

图 5　苏州网师园平面图

（摘自周维权《中国古典园林史》）

　　与江南私家园林相反，皇家园林是一种扩散开放型的空间特征，尽管园林也有垣墙围护，因为园林范围太大，使得垣墙的空间限定感消失。虽然园内局部也有封闭内收型的园林空间，这大多是园林中的园中园和园中院，如颐和园的谐趣园、北海的静心斋、避暑山庄的文园狮子林与文津阁等，但园林整体上是开放式的。皇家园林不但注重园内景点之间的关系，也十分注重与园外空间的对话，善用借景的手法，把园外景色引入园内，颐和园西面玉泉山的借景；北海东面景山的借景；避暑山庄除西面直接靠山外，其余几面均借周围山峦作景色。园林内外空间的交融，使皇家园林的空间没有限制感，园林感到深远无穷（图6），这样也就容易造成园林的视觉景观分散而导致中心不突出。为了不使空间漫无边际地扩散，常用高耸的主体建筑来形成园林构图中心，突出视觉中心点，如颐和园的佛香阁、北海的白塔等。在平坦的区域，通过若干个突出的景点来控制人的视觉，不让视线漂游，像承德避暑山庄，就是用烟雨楼、金山亭等景点来形成视觉中心（图7、图8）。

图6　颐和园眺望宝云阁及西面山峦

图 7　承德避暑山庄烟雨楼

图 8　承德避暑山庄金山亭

　　如果说北方皇家园林是一望无际的山山水水，感觉是没有特定的环境空间限定，而江南园林是筑有自己的天地，以"隐"的思想为主导，那么岭南庭园则反映了园主人既想拥有自己的一片小天地，但又想向外扩展，了解外部世界的思想情感。岭南庭园的空间特征是内收性和扩散性的结合，岭南宅园的园内空间也是属于围合封闭的内收型，但在景观组织上，特别是在视线组织上，将园内外空间有机地结合在一起，产生空间的扩散感。岭南宅园面积较小，园林空间组织较为简单，不能像江南私家园林那样运用穿插、曲折、渗透等各种手段来丰富园林空间，但岭南园林造园通过借助园外景色，达到园林空间的丰富层次。

　　岭南这种借助于外部景色的手法主要有两种形式：

　　其一是临界界面交融法。由于园林选址大多在自然景色优美的地方，因此，造园时在宅园与外界交接处，利用环境景观最好的面向采取开敞的方式进行布局。岭南园林常用的方法就是借用水面，平坦开阔，视野宽广，而且还将厅堂作为界面，在园内可观赏园外风光，而园外观看园林建筑，因造型之优美更显得园林的魅力。像广州小画舫斋宅园是利用河涌景色；粤东澄海西塘、粤中东莞可园是利用水塘或湖面景色，借用园外景色，通过园内园外的共同组景，来扩大园林空间（图9）。

图9　临可湖而建的东莞可园船厅和可亭

其二是景观视点抬高法。当登上楼阁或假山时，不仅园内空间景色一览无遗，而且能望到园外的流溪、池湖、田野，还有远处的峦群山峰，庭园高处视野开阔，高瞻远瞩，有海阔天空之感，使园林构成十分丰富和深远的层次，有"山外青山楼外楼"的效果。东莞可园园主张敬修在《可楼记》中表述了其造园思想："居不幽者，志不广；览不远者，怀不畅。吾营可园，自喜颇得幽致。然游目不骋，盖囿于园。园之外，不可得而有也。既思建楼，而窘于边幅，乃建楼于可堂之上，亦名曰'可楼'。楼成，置酒落之。则凡远近诸山，若黄旗、莲花、南香、罗浮，以及支延蔓衍者，莫不奔赴、环立于烟树出没之中。沙鸟江帆，去来于笔砚几席之上。劳劳万象，咸娱静观，莫得遁隐！盖至是，苏子曰：'万物皆备于我矣。'"张敬修的这段话，实际上道出了岭南宅园与江南私园的造园差别，岭南造园尽可能做到"园之外，不可得而有也"，目的在于"则山河大地，举可私而有之。"因此，可园除可楼外，其住宅"绿绮楼"，虽在问花小院之内，但从二层楼房上，内观可见庭院绿池假山，外望可见可湖秀色和开阔无边的田野。至于四层的高楼"邀山阁"，远眺更不在话下（图10）。

图10　广东东莞可园邀山阁

澄海西塘的书斋庭园，其书斋是一座两层的楼阁，楼阁首层与园外水面一墙之隔，为了防范，外墙采用封闭的处理手法。而二楼则采用通透开敞的方式，不但其围护结构全部用木槛窗，而且还有外檐廊和露台，使人能从四面向外观景。书斋楼阁还与庭园假山相连，在庭园中可顺石级登楼，随着步级移动视点升高，园中景观也随之变化。而园外宽阔的水面，波光闪烁，映入眼帘，远望群山与农舍，好一派山村风光。由于园林边界利用楼阁、假山而不设围墙，把园外空间和景色引入园内，使园内外空间紧密结合，扩大了视域范围，增添了庭园的开阔感（图 11）。

图 11　广东澄海西塘园林书斋

4　性格特征

在园林的性格特征上，北方宫苑园林尺度大，山高水阔，园中建筑体量大，使人感到庄重威严、雄伟巨大和权势气派（图 12）。北方皇家宫苑这种壮观之风格，首先表现为面积的广袤性，其次还表现在园内山大体高，水阔面广，建筑物数量多且体量大，园林景观丰富。北京西苑北海总面积约为 68 公顷，其中水面为 39 公顷，琼华岛白塔山高为 32.8 米；颐和园总面积达 290 公顷，水面占 3/4，囊括了整个万寿山和昆明湖，建筑面积为 5 万平方米，有宫殿园林建筑3000 余间；圆明三园面积为 5200 余亩，东西长约为 3 千米，南北宽为 2 千米，周长约为 10 千米，以数量众多的山和水，分割和围合了百来个各具特色的大景

图 12　北京颐和园佛香阁

区，建筑的总面积达 15 万平方米，可见园林规模之宏大。乾隆五十八年，英国使臣马戈尔尼游圆明园后在《乾隆英使觐见记》[1] 中曰："此园为皇帝游息之所，周长 18 英里。入园之后，每抵一处必换一番景色。与吾一路所见之中国乡村风物大不相同。盖至此而东方雄主尊严之实况，始为吾窥见一二也。园中花木池沼，以至亭台楼榭，多至不可胜数。"[2] 而承德避暑山庄面积竟达 564 公顷，周边依山就势，筑有宫墙长达 10 千米。皇家宫苑面积之大和景物之多，体现了"东方雄主之尊严"的雄伟壮观。

与宫苑这种雄伟壮观的园林风格对比，江南私园体现的是含蓄、收敛，追求的是一种清水芙蓉、自然淳真之美。这种园林性格也与文人士大夫的隐逸思想有关。受佛教南禅宗之影响，"终日昏昏醉梦间，忽闻春尽强登山。因过竹院逢僧话，偷得浮生半日闲"的悠哉游哉，深得士大夫阶层的欢心。恬乐山水之趣，无拘无束，悠然自得，正是士大夫梦寐以求的境界。王维有诗曰："晚年唯好静，万事不关心。自顾无长策，空知返旧林。松风吹解带，山月照弹琴。君问穷通理，渔歌入浦深。"朱熹也有"归把钓鱼钩，春昼五湖烟浪。秋夜一天云月，此外尽悠悠"的词句。这种平淡悠然的心境追求和林泉之趣，已深深地沉淀于中国士大夫的生活中。城市宅园兴起之时，宅园的"山林"意识也随

[1] 刘半农于民国初年译其文，名曰《乾隆英使觐见记》。
[2] 见拙庵《圆明余忆》。

15

之体现出来。苏舜钦的"一迳抱幽山，居然城市间""迹与豺浪远，心如鱼鸟闲"之句，描绘了城市宅园给人心神的娴静和恬淡。体验到"独绕虚亭步石矼，静中情味世无叹"之感。治园目的是看重恬淡自适与闲静，片山勺水，一花一木也能导致内在心性的舒展。总的来说，江南私园既不用彩饰，又不尚雕饰，如苏州园林，景观内容虽然十分丰富，却没有过多不必要的饰物，使人觉得确实没有什么明显的人工雕琢味，体现了一种素净淡雅的美（图13）。

岭南园林的性格表现为开朗、明快、简捷、直述，它的表达方式是直接明了，不像江南私园那样含蓄，要用"心"去体会。园林的审美取向和艺术性格与园主人的身份和地位有很大关系，岭南宅园的主人，大致上有三种：一是在任或退隐的中小官员；二是文人雅士；三是富商及其家族后人。这三种人中，能拿出许多钱来造园的是商人，也就是说造园者最多的是商贾。岭南造园因受商品意识和商人思想的影响，园林讲究的是实用，园林景观景象的表述也不拐弯抹角而直接易懂，在园林的尺度上是近距离的对话。江南造园讲究园林的深邃，园林路径曲折迂回，复廊中以花窗漏墙间隔，人于其中可望不可及，意在将咫尺拉向天涯。而岭南庭园造园意在园林的融合性与亲近性，其庭园围合空间大多偏小，而在较大的庭园空间当中常设有较大体量的亭榭，这些亭榭也多为园林的主要活动空间之一，这样以减少空间的距离感，像番禺余荫山房的玲珑水榭（图14）、东莞可园的拜月亭等，可以说是岭南人，特别是商人间喜欢交往、洽谈的心理性格，反映在园林造园中的一种方式。

图13　上海青浦曲水园

16

图 14　番禺余荫山房的玲珑水榭

岭南宅园，造园面积不大，庭园空间小巧玲珑，与北方宫苑的崇高壮美有天壤之别。而在建筑的色彩装饰格调上，却艳丽多彩、纤巧繁缛，这既不同于北方宫苑的富丽堂皇、金碧交辉；也不同于江南宅园的自然素朴。如果说北方宫苑建筑是"壮丽""浓丽"的话，那么岭南宅园建筑则可谓"绚丽"，像粤中四名园的顺德清晖园、东莞可园、番禺余荫山房和佛山梁园，建筑物的体量不大但装修装饰时，雕镂精美华丽，红、橙、青、绿等各种色彩交错运用，相互辉耀。

5　艺术特征

园林的艺术特征是通过其造园的各种手法来表述，北方皇家园林为了突出其严谨庄重的效果，布局基本上都有规整的轴线，产生对称严整的秩序美，轴线布局是园林的主要造园手法。北京紫禁城内的宫苑，均以整齐对称为美。紫禁城御花园平面基本呈矩形，从坤宁门始，至天一门、钦安殿、承光门，最后至顺贞门，是一条由南而北的中轴线，居中的钦安殿是全园的主体，围绕着钦安殿组成了内廷花园；园的东南和西南二角，设有琼苑东门和琼苑西门，辅卫着居中的坤宁门；东、西门内的绛雪轩和养心斋，分别对面相向；而花园东部和西部，各有体量高大、重檐多角的万春亭和千秋亭耸然对峙；东北和西北又有浮碧亭和澄瑞亭相对呼应；北面的承光门两翼，也各有延和门和集福门对称置列（图15）。

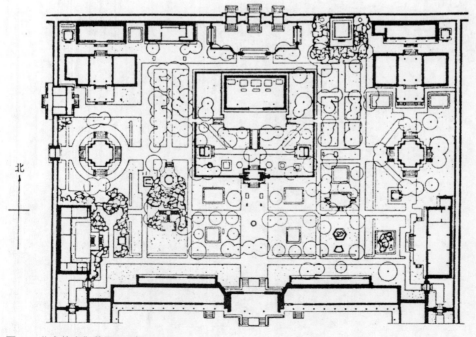

北

图15　北京故宫御花园平面图
（摘自赵兴华《北京园林史话》第二版）

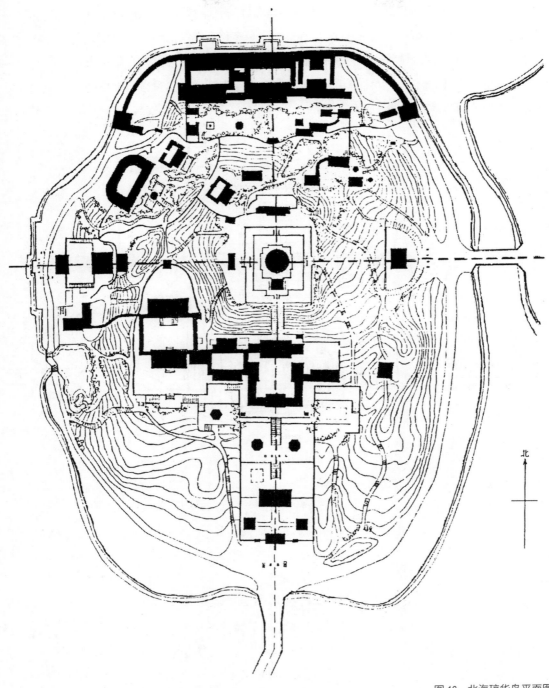

图 16　北海琼华岛平面图

（摘自周维权《中国古典园林史》）

　　西苑北海的琼华岛和颐和园的万寿山也都是通过主轴线来控制，通过主轴的中心建筑物轮殿、正觉殿、普安殿、善因殿、白塔至后面的漪澜堂，由白塔起到全园中心控制作用（图16）。而颐和园则通过南北中轴将万寿山分成东西两坡，轴线沿山势逐渐升高延伸，从前面临湖呈弧状的长廊始、经大报恩延寿寺入至排云殿、佛香阁和智慧海，轴线在万寿山向东旁移后继续沿至须弥灵境，在主轴两侧的东、西次轴线上，东侧有慈福楼和转轮藏，西侧有宝云阁和罗汉堂（图17）。颐和园整座园林除有主控轴线外，其他建筑群组也有自己相应的轴线，如颐和园东宫门轴线、德和园轴线、乐寿堂轴线和听鹂馆轴线等。

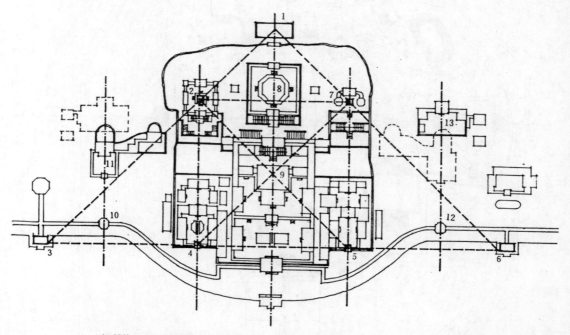

1—智慧海　2—宝云阁　3—鱼藻轩　4—清华轩　5—介寿堂　6—对鸥舫　7—湖山碑
8—佛香阁　9—排云殿　10—寄澜亭　11—云松巢　12—秋水亭　13—写秋轩

（a）颐和园中央建筑群平面轴线关系

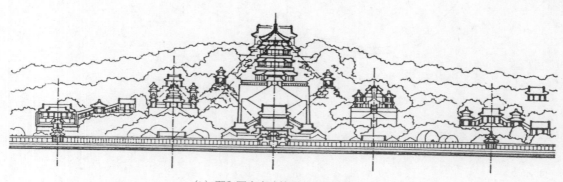

（b）颐和园中央建筑群立面轴线关系

图17　颐和园中央建筑群轴线关系
（摘自周维权《中国古典园林史》第二版）

江南园林的艺术特征强调意境和韵味，追求山峦林泉、池水幽深之效果，讲究山石造型和山石皱、透、漏、瘦的纹理质感，以及造园的细腻性和丰富性，江南园林布局自由灵活，造园之山水形似自然，取自然风景中最突出、最有特点的景色浓缩于园内。造园的目的是表现一种寓情于景的境界，即通过对直观景物形象地创造而竭力使之激发人的思想感情，并使人玩味不尽。江南私园中，文人士大夫追求的园林美不只是单纯的物质空间形态的创造，更重要的是注重由景观引发的情思神韵，在园林中，山水、花木及建筑的形态本身并不是造园之目的，而由它们所传达或引发的情韵和意趣才是最根本的，造园不仅仅是为人们提供一处优美的景观环境，或是消遣的娱乐场所，而是传情表意的时空综合艺术，通过有限的园林具象来表达微妙深远、耐人寻味的情调氛围，使游赏者睹物会意（图18）。在庭园中大至建筑物的布局、空间处理及体形组合，小至一山、一水、一石、一木的设置，都是在这种创作思想的指导下，务求其达到尽善尽美，做到"片山有致，寸石生情"。[1]造园通过其艺术的手法对具体对象进行处理，来创造不同的意境和情趣，使人确实能为园林的景物所感染，从而产生情绪上强烈的共鸣，哪怕是微小的园林窗景处理，也如《园冶》一书中所云："藉以粉壁为纸，以石为绘也，理者相石皴纹，仿古人笔意，植黄山松柏、古梅、美竹，收之圆窗，宛然镜游也。"从中获得敛景如画之效果。

图18　苏州同里退思园

[1] 明·计成.园冶·城市地.

　　文人士大夫在园林景物中寄托了更深层情欲，追求象外之意趣、神韵，使物境与心境融为一体，启动人的心灵的主观能动性。江南宅园为了创造象外之象、景外之景的园林意境，造园花费了许多心思。在艺术手法上，除了采用借景、对景、分景、隔景等实景处理手法来组织空间，扩大空间外，而且重视声、影、光、香等虚景形成的效果。园林意境的产生，是虚实的结合，情景的结合，不但有景，而且有"声音""光影""香味"这种景外之景，从而达到增加景色的层次。

　　岭南园林的造园布局，不同于北方园林的规整对称和江南园林的因势自然，造园喜用几何形体的空间组合和图案方式，但几何形体常采用不规则的形式，从而获取庭园空间的多变性和丰富性。广州番禺余荫山房的平面布局，虽然主体建筑中轴对称，南北轴线汇交方形水池之中心，但由于庭园围合界面的不规则性和采用曲廊相连，加上入口进园轴线的转折弯曲，人在园中不同的位置感到空间形态的不同，庭园面积虽小但景致丰富，从而达到小中见大之效果（图19、图20）。东莞可园的平面布局，建筑和连廊沿不规则的园墙曲折布置，形成凹凸、大小、宽窄不一的空间格局，再配以曲尺形的水池，直线转折的路径，各种图案形状的花池、平台和硬质铺地，园林建筑甚至连装修也富有极强的几何图案美，像双清室，其厅堂的平面形式、窗扇装修、地板花纹和家具陈设都用亞字形状的图案，故被称为亞字厅（图21、图22）。

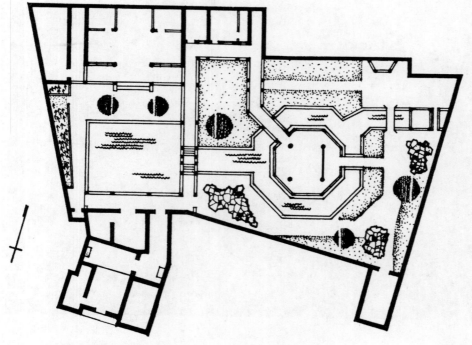

图19　广州番禺余荫山房平面图

图20 广州番禺余荫山房几何形水池

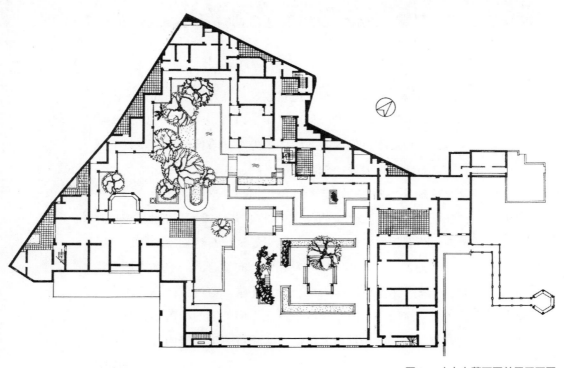

图21 广东东莞可园首层平面图

23

图22 东莞可园亞字厅

　　岭南园林造园喜用较为抽象的山水，造景取其神其意为主，而形为辅。岭南园林中的主体建筑"船厅"就是一种取"船"之意，实质是作为厅堂使用的一种临水建筑，说是船厅，但大多数船厅的外观并不像船只。广州宅园石景"风云际会"，石山沿墙而设，由峰、峦、岩、峒、壁、路、桥及台等组成，山径盘旋婉若蛟龙，其峰石踞显著地位，顶挟一株粗老筋突、形态优美的榕树，石山选用了皱纹细、变化多的英石作材料，加上叠石工艺制作熟练，整座石山怪石嶙峋，势态起伏，洞穴狰狞，光影迷离，石景抽象地体现了风云翻涌的艺术效果（图23）。岭南宅园观赏路线的布置形式一般多为环形路线，通常以连廊、房屋、走道绕庭园山池一圈，厅堂、亭榭、曲廊等建筑物大都兼有观赏和交通双重功能。由于岭南宅园比江南宅园面积更小，所以庭园的静观、近观更为重要，这也是造成岭南宅园建筑装饰装修内容繁多的原因之一。

图 23 广州宅园石景"风云际会"

参考文献

[1] 周维权 . 中国古典园林史 [M]. 北京：清华大学出版社，1990.

[2] 任晓红 . 禅与中国园林 [M]. 北京：商务印书馆国际有限公司，1994.

[3] 陆琦 . 岭南造园与审美 [M]. 北京：中国建筑工业出版社，2005.

　　注：本文曾发表在《华南理工大学学报（社会科学版）》2011 年第四期，
本论文集重刊，作者有少量修改。

扬州叠石艺术与技术

梁宝富

扬州意匠轩园林古建筑营造股份有限公司

摘 要 叠石是中国古典园林造园的要素，而扬州地处平原，有"扬州以名园胜，名园以叠石胜"之称。本文通过对扬州历史名园的假山进行分析研究，结合工匠访谈，总结归纳了扬州叠石的艺术特征，以及假山构造、叠石技巧的基本建造原理。

关键词 扬州叠石；艺术特征；假山构造；叠石技巧

叠石是中国古典园林造景的重要手法。它是大自然山水的概述，在有限的空间里，模拟自然的景色，通过加工、提炼，以"移山缩水"之技艺创造出"虽由人作、宛自天开"的自然风景艺术（图1），即李笠翁《闲情偶寄》中描述"变城市为山林，拓巨峰使居平地"的一种妙术（图2）。而扬州地处江淮平原，无自然的崇山峻岭，因此，成就了扬州园林中的叠石艺术，堪称一绝。扬州不仅采用湖石、黄石和宣石掇山，还采用乌峰、石笋和玲珑石来衬托园林景观（图3），叠石技艺在中国园林艺术中有较高的地位。清代李斗所注《扬州画舫录》中云"扬州以名园胜，名园以叠石胜"（图4）。

图1 石壁流淙

图 2　小盘谷画卷

图 3　瘦西湖花石纲

图 4　片石山房

1　扬州叠石的艺术特征

1.1　因地制宜，立意在先

任何假山都是根据主人的追求，都有不同的意境。清代张南恒认为"其石脉之所奔注，伏而起，突而怒，为狮蹲，为兽攫，牙错距跃，决林莽，犯轩楹而不去，若似乎处大山之麓"，"石取其易致者，太湖尧峰，随意布置。有林泉之美，无登顿之劳"。这都说明是将大自然的山水，经过艺术概括，提炼小山之行，传大山之神，以真山意境创作假山，给人以亲切感，有想象和品味的空间。如扬州个园的黄石山意在体现"黄山嶙峋"之意（图 5），还有九峰园的"九人丈人尊"（图 6）。扬州名园以叠石胜（图 7）。若要叠得好山，胸中要有丘壑。所谓"丘壑"，即是"山水意境"，片石山房则是享有盛名的湖山园林，

图5 个园秋山顶

图6 九峰园

图7 大明寺西园假山

体现了石涛所谓"峰与皴合,皴自峰生"的画理。不少以山为主题的造园则定山名为园名,如瘦西湖"小金山""小盘谷"等。

1.2 精在体宜,秀则像形

　　假山是以山水画创作为基础,也是模仿自然界动物的形体动作而堆叠出山的景观。扬州叠石也是在有限空间呈现大自然的景观。计成在《园冶》中说:"峭壁山者,靠壁理也,藉以粉壁为纸,以石为绘也。理者相石皴纹,仿古人笔意,植黄山松柏、古梅、美竹,收之圆窗,宛然镜游也。"寄啸山庄的东部,正是如此(图8),还有逸园等假山。清代《江都县续志》中说小盘谷"园以湖石胜,石为九狮,有玲珑夭矫之慨"。卷石洞天作出了"矫龙奔象、伏虎惊猿"的气势(图9)。

图8　何园东部假山

图9　小盘谷

1.3　分峰叠石，色质多样

南园与个园都是典型的案例。南园是清朝中期的名园，园主以太湖石散置于园内诸厅堂之间，乾隆临幸时赐名"九峰园"。李斗在《扬州画舫录》卷七中曾有描述："大者逾丈，小者及寻，玲珑嵌空，窍穴千百。"可说是一座又高又大、又奇又美的分峰而立的湖石。还有个园，正如陈从周曾说："春山宜游，夏山宜看，秋山宜登，冬山宜居，此画家语也，叠山唯扬州个园有之。"（图10~图13）扬州园林中叠石不但用湖石叠山，还有黄石、宣石、笋石多色的做法。个园为"四色"，八峰园、静香园、棣园、何园内均为多色假山。

图10　个园春山

图11　个园夏山

图12　个园秋山

图13　个园冬山

1.4 洞天佳境，中空外奇

"卷石洞天"即是"中在外奇"的佳作（图14）。李斗对"卷石洞天"还做了具体描绘，"狮子九峰，中空外奇，玲珑磊块，手指攒撮，铁线疏剔，蜂房相比，蚁穴涌起，冻云合逻，波浪激冲，下水浅土，势若悬浮，横竖反侧，非人思议所及。树木森戟，既老且瘦。夕阳红半楼飞檐峻宇（图15），斜出石隙。郊外假山，是为第一。"中空外奇的艺术为"片石山房""小盘谷"等大多数园子所用，既有技艺表现，又节约石料。

图14 卷石洞天

图15 静香书屋

2 叠石的技术要点

2.1 假山的形式

假山的形式是因地而立意和选材，一般可分为楼山、池山、璧山、庭山等（图16~图19）。在布局方式上有特置、群置、散置、孤置等。根据位置的需要，又有结合与拼列之别。

图16 逸圃楼山

图17 二分明月楼假山

图18 个园北部池山

图19 街南书屋庭山

2.2 假山的构造

每座石山的外观虽然千变万化，但仍是有科学性、技术性和艺术性，其结构分基础、拉底、中层和结顶四部分。

1. 基础。计成《园冶》曰："掇山之始，桩木为先，较其短长，察乎虚实。随势挖其麻柱，谅高挂以称竿。绳索坚牢，扛抬稳重。"说明先要有一个山体的总体轮廓，才能确定基础的位置与结构。传统做法，一般使用中桩和灰土基础两种形式。木桩多选用柏木桩和松木桩，一种是支撑桩，必须打到持力层，一种是摩擦桩，主要是挤实土壤，桩长在1m左右，一般平面布置均按梅花形排列，故又称"梅花桩"。灰土基础通常在底下水位不高的条件下使用，多采用3:7灰土拌和，分层夯实，夯土基础一般较假山宽500mm。

2. 拉底。拉底是指在基础上铺叠最底层的自然山石。《园冶》曰："立根铺以粗石，大块满盖桩头。"底石不需要特别好的山石，底石的材料要求大块扁平的石料，坚实、耐压，不能使用风化过度的山石垫底。

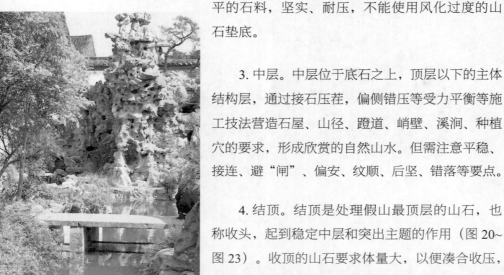

图20 片石山房主峰

3. 中层。中层位于底石之上，顶层以下的主体结构层，通过接石压茬，偏侧错压等受力平衡等施工技法营造石屋、山径、蹬道、峭壁、溪涧、种植穴的要求，形成欣赏的自然山水。但需注意平稳、接连、避"闸"、偏安、纹顺、后坚、错落等要点。

4. 结顶。结顶是处理假山最顶层的山石，也称收头，起到稳定中层和突出主题的作用（图20~图23）。收顶的山石要求体量大，以便凑合收压，因此要选用轮廓和状态都富有特征的山石。收顶的方式有分峰、秀峰、流云顶三种形式。

图21 片石山房收顶

图 22 华氏假山收顶

图 23 卷石洞天收顶

2.3 叠石技巧

按照要求做好基础后，放好拉底石，开始相图、选石、相石、分层堆叠、吊装、结构、补强加固、补缝等工序。吊装一般采用三角支架（扒杆），安装手动葫芦，叠石高度不超 4m。一般先竖主峰，再配次峰，好的假山都会大伸大缩，才能表现出层次，轮廓分明。对挑石、险石、悬石，用木架顶牢，再用骑马钉扣紧，瀑布要圈叠积水池，出水口要作溢水坝，种植池要保持正常的存土量等。绿化为假山的陪衬，也是起到画龙点睛的作用。

假山有山峰、峦、洞、壑等各种组合单元的变化，但就山石相互之间的结合而言，可以概括为叠、竖、垫、拼、挑、压、钩、挂、撑等。叠：指掇山较大的，料石就得横着叠石，即为"岩横为叠"；竖：指叠石壁、石洞、石峰等所用直立式或拼接之法，即"峰"立为"竖"；垫：指卧石出头要垫，核心作用是对山石的固定；拼：指选一定搭配的山石，拼成有整体感的假山或组合成景，拼成主次的配合关系，即"配凑则拼"；压：指"侧重则压"与"石横担伸出为挑"，相对应，相辅相成；钩：指用于变换山石造型所采取的一种手法，即"平出多时立变为钩"；挂：石倒悬则为"挂"；撑："撑"也称"戗"，是指用斜撑的支力来稳固山石的一种做法，即"石偏斜要撑""石悬顶要撑"（图24~图28）。

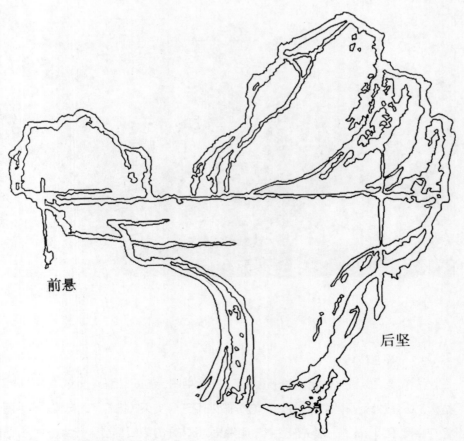

前悬

后坚

图24　假山的组合单元（一）

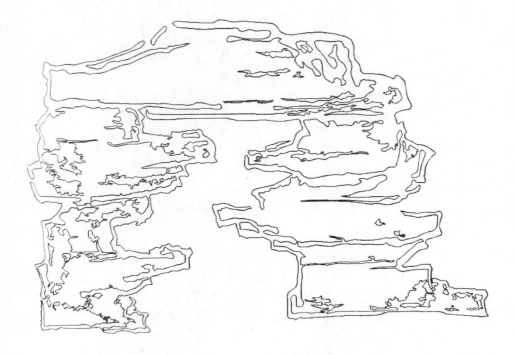

图 25　假山的组合单元（二）

图 26　假山的组合单元（三）

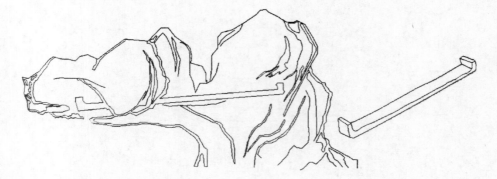

图 27　假山的组合单元（四）

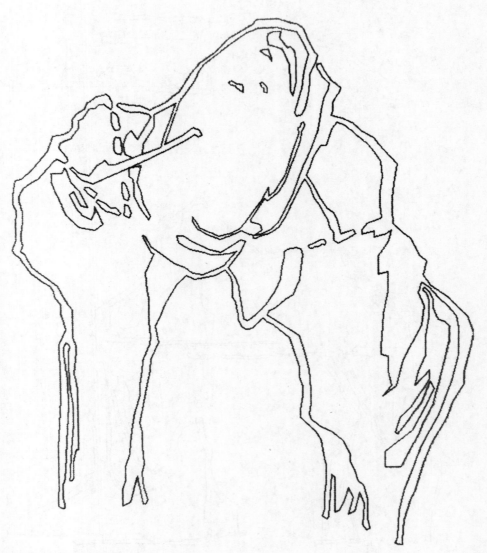

图 28　假山的组合单元（五）

3 结语

扬州在园林中叠石造山，其章法严谨、灵活，手法巧妙，无论城市宅园，还是湖上园林，到处可见佳作，既是将叠石艺术作为造园的基本构成要素，使之充满山水意趣，又是因扬州地处平原，无崇山峻岭、峭壁悬崖，是人们所向往的。《园冶》卷三云："山林意味深求，花木情缘易逗。"

作者简介

梁宝富，工程管理学博士，高级工程师，一级注册建造师，现任扬州意匠轩园林古建筑营造股份有限公司主持建造师，主持设计师。

参考文献

[1] 计成著，陈植注释. 园冶注释 [M]. 北京：中国建筑工业出版社，1988.

[2] 李斗. 扬州画舫录 [M]. 扬州：江苏广陵古籍刻印社，1984.

[3] 陈从周. 扬州园林 [M]. 上海：同济大学出版社，1983.

[4] 朱江，扬州园林品赏录 [M]. 上海：上海文化出版社，1990.

[5] 许少飞. 扬州园林史话 [M]. 扬州：广陵书社，2004.

[6] 梁宝富. 扬州民居营建技术 [M]. 北京：中国建筑工业出版社，2015.

扬州 "小香雪" 复原研究

梁宝富[1]　王珍珍[2]

1. 扬州意匠轩园林古建筑营造股份有限公司；

2. 扬州意匠轩园林古建筑设计研究院有限公司

摘　要　本文通过查阅史料，对小香雪进行研究分析，在自然的地形地貌基础上，依山引水，以"梅"为主题景观，以"一桥一堂"的构建与周边"园外园"的风貌融合，突出了"因地制宜、巧于因借、以少胜多、小中见大、融合自然"的艺术效果。乾隆皇帝亲临时留下"平山万树发新花，胜举清游两可夸"的赞誉。

关键词　小香雪；造园艺术；复原研究

明清时期，江南诸地私家园林蔚然成风，就扬州城而言（图1），明末时期，自造园家计成参与营造的寤园、影园而成《园冶》一书（图2），使扬州园林营造定格成秀，成就了扬州清初的王洗马园、卞园、员园、贺园、冶春园、南园、筱园和郑御史园等"八大名园"；大画家刘大观称"杭州以湖山胜，苏州以市肆胜，扬州以园亭胜"。康乾年间各地又兴起了造园的高潮，而受两帝南巡的影响，扬州地方的绅商们争宠于皇室更期一邀"御贵"为荣，集景式的园林在北郊保障河上应运而生。先后建成了卷石洞天、西园曲水、虹桥揽胜、冶春诗社……双峰云栈、十亩梅园、万松叠翠等二十四景之多（图3），这些园林呈现出皇家园林与江南园林交融的特征，形成"两岸花柳全依水，一路楼台直到山"的空前盛世，"小香雪"名列其中。乾隆皇帝亲题"小香雪"，留下"平山万树发新花，胜举清游两可夸"的题联（图4）。

1　史考

"小香雪"原为清代时期的扬州蜀冈的著名景点，建于乾隆三十年（1765年），

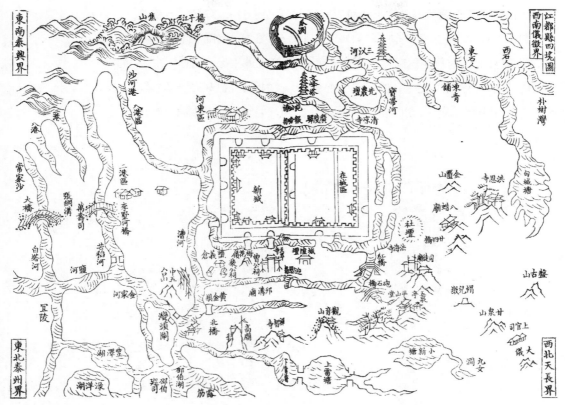

图1　江都县四境图
（摘自《【雍正】江都县志》）

图2　《园冶》书影

由清代按察使汪立德所辟，位于法净寺的东北侧（图5）。东接"万松亭"，亭内有御书"小香雪"刻石及东峰和双峰云栈（图6、图7），南靠万松叠翠（图8），北依蜀冈诸山，当时扬州盐商为迎接乾隆南巡，由汪立德主导，在此规划广种梅树，为效仿苏州"香雪海"之名，唤名"小香雪"。赏梅的乾隆皇帝到此时诗兴大发，留下"平山万树发新花，胜举清游两可夸"之句，但现在已经香消玉殒。

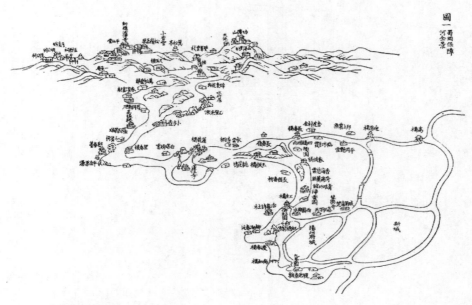

图3　蜀冈保障河全景

图4　梅圃

图 5　法净寺

图 6　功德山

图 7　双峰云栈

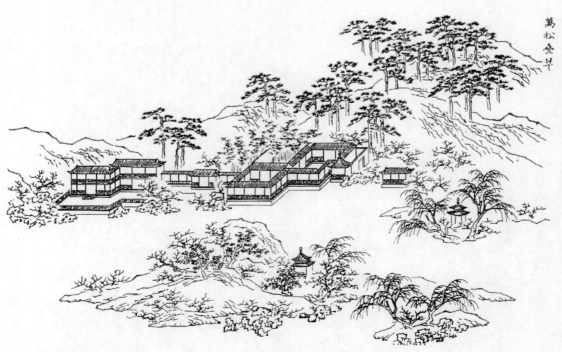

图 8　万松叠翠

有关"小香雪"的史料记载主要有《广陵名胜图》《广陵名胜全图》《扬州画舫录》《平山堂图志》《乾隆南巡江苏名胜图集》以及近代的《扬州园林品赏录》等。

1.《广陵名胜图》文字记载为："小香雪，在法净寺东，旧称'十亩梅园'，亦汪立德等所辟。在蜀冈平衍处，为屋参差数楹，绕屋遍植梅花。乾隆三十年，皇上临幸，赐今名，御书匾额，并'竹里寻幽径；梅间卜野居'一联（图9）。"

图9 小香雪（一）

2.《广陵名胜全图》文字记载为："小香雪，在法净寺东，就深谷，履平源，一望琼枝纤干，皆梅树也。月明雪净，疏影繁花间，为清香世界。按察使衔汪立德、候选道员汪秉德所树（图10）。"

3.《扬州画舫录》卷十六："修水为塘，旁筑草屋竹桥，制极清雅，上赐名'小香雪居'。御制诗云'竹里寻幽径，梅间卜野居。画楼真觉逊，茆屋偶相于。比雪雪昌若，日香香澹如。浣花杜甫宅，闻说此同诸。'注云'平山向无梅，兹因盐商捐资种万树，既资清赏，兼利贫民，故不禁也。'时曹楝亭御史扈跸至扬州，诗有'老我曾经香雪海，五年今见广陵春'之句，盖纪胜也（图11）。"

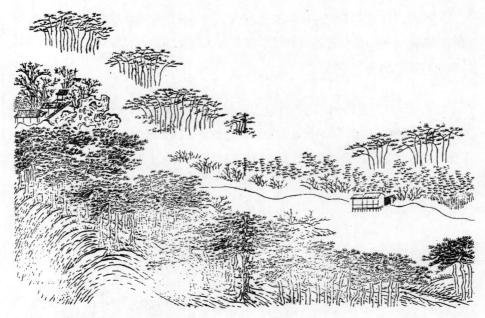

图 10　小香雪（二）

图 11　小香雪（三）

4.《平山堂图志》文字记载为："小香雪，旧称十亩梅园，汪立德等所辟。乾隆三十年，我皇上临幸，赐今名，又赐'竹里寻幽径，梅间卜野居'一联。其地在蜀冈平衍处，由法净寺东楼石磴而下，北折有桥驾天然树为之。桥上甃以卵石，过桥穿深竹径，东转数十步，临池南向为草屋，参差数楹。绕池带以高柳，柳外种梅。梅间为石径，东接于万松亭，御书'小香雪'三字刻石亭内（图12）。"

图12 小香雪（四）

5.《乾隆南巡江苏名胜图集》文字记载为："在蜀冈平衍处，东接万松亭。由法净寺东楼石蹬而下，北过小桥，穿竹径，复折而东数十步，古梅绕屋，疏影寒花，泃为清凉香界。其嘉名之锡，则恭荷御题云（图13）。"

图13　小香雪（五）

6. 《扬州园林品赏录》文字记载为："是园由大明寺东石磴，下而北折。以天然树为桥而度，穿行（于）竹径深处。东转数十步，而临于池。造竹桥一架，制极清雅。构草屋数楹，参差而南向。植高柳绕池，于柳外种梅。梅间铺石为径，东与'万松亭'接，亭内供御书'小香雪'刻石。其间冈连阜属，苍翠蓊郁。其后坡北，寿藤古竹，鏐轕不分。当其时也，巡盐御史曹寅有'老我曾经香雪海，五年今见广陵春'诗句，以记其胜。"

2　思考

"小香雪"选址在蜀冈东中峰山麓间，地势略高于法净寺的山腰平缓地带，为山林地，入口依"法净寺"的东墙山径而上，入口的东南为万松叠翠，可以说"依山"。从布局上来看，筑池引九曲涧水构建"山水布局"，力求追求天然野趣。植物上强调以"梅"为主题，效仿苏州"香雪海"（图14）。建筑不多，以"一桥一堂"与万松亭、大明寺建筑互借使之通过与山水、植物融为一体（图15），从原图分析，地形地貌依山势结合十分紧密。从蜀冈东中峰的大环境来看，有"园外有园"的自然气息，与法净寺、万松叠翠、双峰云栈、功德山的景色相协调，使蜀冈东中两峰的自然环境相融，但又强

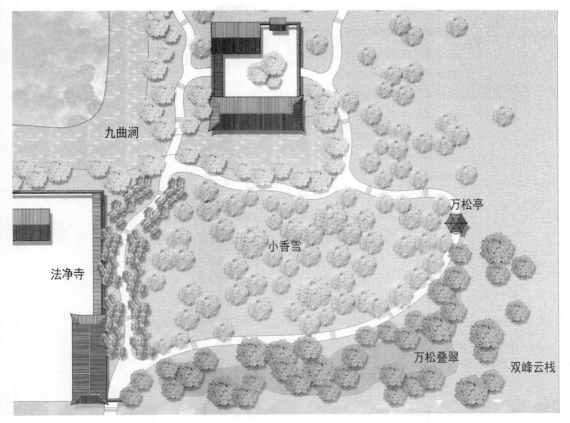

图 14　小香雪平面图

图 15　小香雪鸟瞰图

调各自的园林艺术特色。该园的布局具有《园冶》所述"园地惟山林最胜，有高有凹，有曲有深，有峻而悬，有平而坦，自成天然之趣，不烦人事之工。入奥疏源，就低凿水，搜土开其穴麓，培山接以房廊。杂树参天，楼阁碍云霞而出没；繁花覆地，亭台突池沼而参差。绝涧安其梁，飞岩假其栈；闲闲即景，寂寂探春。好鸟要朋，群麋偕侣。槛逗几番花信，门湾一带溪流，竹里通幽，松寮隐僻，送涛声而郁郁，起鹤舞而翩翩。阶前自扫云，岭上谁锄月。千峦环翠，万壑流青。欲藉陶舆，何缘谢屐"的特征。同时与乾隆皇帝在《静明园记》中所写"若夫崇山峻岭，水态林姿，鹤鹿之游，鸢鱼之乐。加之岩斋溪阁，芳草古木。物有天然之趣，人忘尘世之怀。较之汉唐离宫别苑，有过之而无不及也"的造园艺术见解相呼应。

3　启示

小香雪在这自然的地形地貌的基础上，以山而引水为骨干，突出在原野山林中以"梅"作为主题景观，以"一桥一堂"与周边的"园外园"的建筑相互融合，充分体现了"因地制宜、巧于因借、以少胜多、融合自然"的造园思想。从布局的入口来看，在简约的景门过有限的山径竹林空间，引入园内，创造了有层次、有深度、有变化的景象环境，而在梅圃的中央部分引水小筑，又呈现出"小中见大"的艺术效果，成为精品，受到乾隆皇帝的赞赏，也成为后来扬州园林营造的范本。

作者简介

梁宝富，工程管理学博士，高级工程师，一级注册建造师，现任扬州意匠轩园林古建筑营造股份有限公司主持建造师，主持设计师。

王珍珍，园林本科学士，扬州意匠轩园林古建筑设计研究院有限公司设计师。

参考文献

[1] 计成 . 园冶 [M]. 刘乾先，注译 . 长春：吉林文史出版社，1998.

[2] 李斗 . 扬州画舫录 [M]. 汪北平，涂雨公，点校 . 北京：中华书局，1997.

[3] 朱江 . 扬州园林品赏录 [M]. 上海：上海文化出版社，2002.

[4] 吴肇钊 . 夺天工 [M]. 北京：中国建筑工业出版社，1992.

[5] 广陵书社 . 乾隆南巡江苏名胜图集 [M]. 南京：江苏古籍出版社，2002.

[6] 赵之璧 . 平山堂图志 [M]. 高小健，点校 . 扬州：广陵书社，2004.

[7] 卢桂平 . 扬州胜景图集 [M]. 扬州：广陵书社，2015.

[8] 顾风 . 扬州园林甲天下 [M]. 扬州：广陵书社，2015.

[9] 彭镇华 . 扬州园林古迹综录 [M]. 扬州：广陵书社，2016.

与湖相生，以最自然的方式造境

——岳阳市环南湖交通三圈项目介绍

周文杰　吴清源

杭州园林绿化股份有限公司

摘　要　岳阳市环南湖交通三圈项目，根据城市发展的要求，因地制宜地提出景观方案，充分阐述该项目的设计理念，并对设计要点和专项设计重点说明，该项目在城市发展中改善了南湖风景区基础设施的现状，满足了城市居民及游客运动休闲出行的需要，并提高城市品位和生活品质，极大地促进了岳阳市和南湖风景区经济社会的发展。

关键词　南湖景区；滨湖景观；海绵城市；城市品位；生活品质

0　项目背景与概况

南湖风景区是岳阳"东扩、西连、南延、北靠、中提"发展战略中"南延"的主阵地，是岳阳市城景融合的重要区域，为加强南湖风景区与主城区的有机联系，推进城市基础设施建设，岳阳市 2012 年政府工作报告提出"推进洞庭湖沿湖风光带与环南湖旅游走廊融合对接，建设环南湖旅游走廊机动车道、国际自行车赛道、游人步道等交通'三圈'，让南湖运动起来"。2013 年 3 月，岳阳市委市政府将环南湖交通"三圈"建设项目列为市级重点工程，岳阳市 2014 年政府工作报告提出"将环南湖交通三圈建设列入打造'水城岳阳、善水岳阳'的重点工程"。

项目位于岳阳南湖景区内，共分为三个区块：一是岳阳市南湖景区旅游交通体系和景观项目——刘山庙至三眼桥段景观设计位于南湖景区北岸，总占地面积约为 28.2 万平方米，岸线长度为 4.3 千米。整体以"二带、三区、九景"为构想，以风雅南湖为主题，营造园依湖畔、湖入园中的共生关系，提升城市品位和市民生活品质。二是岳阳市环南湖交通三圈三眼桥至龙山至三道湾段园林绿化景观设计，位于南湖景区东岸，总占地面积为 105 万平方米，项目总投资为 4.5 亿元。景区通过六大景观节点的串联，打造生动有趣的园林景观。三是环南湖交通三圈大桥后山至三道弯段 PPP 项目，位于南湖景区南岸，总占地面积约为 32.6 万平方米。岸线长度约为 4.35 千米。建成后成为广大市民休闲、娱乐的好去处。

1　设计理念

景观构思以风雅南湖为构想，以地域文化为脉络，以绿色慢生活为追求，以"舟、绿、人"三条线为线索，引申出相关的特色景点，并将休闲、游憩、运动等功能融为一体，营造出具有湘韵特色的风情景观。

2　设计要点

2.1　优化滨水绿带设计，打造引人入胜的滨水长廊

滨水长廊通过生态景观设计将城市空间和滨水空间有机融合，科学的地形设计和交通梳理，并结合当地的地域特色，既提高了亲水性和游赏性，又保障了滨水空间的生态性和可持续性。

2.2　注重文化休闲空间的营造

利用当地人文资源，通过一系列有针对性的景石、景观栏杆、景观桥、滨水漫步道等把整个滨水岸线串联起来，并且通过合理的视线分析，在观景视线良好的路段设置挑台，游人可驻足观湖赏景，形成一个多功能的文化休闲空间，进一步加强了滨湖景观的参与性和游赏性。

2.3　融入海绵城市生态设计理念，打造完整的雨洪管理体系，营造可持续性的滨水生态空间

设计中通过合理的空间布局和地形梳理，结合海绵城市的设计理念，在景区中设置了生态植草沟、透水铺装、立体化的植物群落结构以及生态蓄水池，将整个景区打造成具备优良雨洪管理体系的生态化滨水空间。

2.4　合理布局景观建筑及小品，使其充分为民众服务

整个景区采用古典中式的造景手法，力图打造一处兼具生态体验和文化韵

味的优雅景观，因此设计中通过文化挖掘，并结合场地条件，因地制宜地设置了典雅的古亭、桥梁、景观牌坊以及船舫茶室。同时，景区内的老建筑美化改造也是本次设计的亮点之一，为了更好地为游客服务，景区内还建造了造型优美的景观服务用房，使得整个景区的旅游服务系统更加完善。

2.5　充分利用原有植被资源，完善景区生境，体现地域植物特色

设计在保留与保护原生植物的基础上，结合多样化的空间分布，增加植物种类及视觉变化，增加滨水植物群落以加强滨水空间的生态稳定性和景观多样性，并结合科学的植物群落布置进一步加强景区的生态弹性和可持续性，使整个景区形成完整的绿色循环网络。

3　主要节点及其特色

3.1　双舫映月景观

项目场地为自然形成的小湖湾，生态植被良好，配套建筑的设计结合现场地形的高差和周边自然景色，采用船舫形建筑，使建筑和环境融为一体，让建筑既是服务配套设施也能成为南湖景区的景点。

3.2　老虎嘴景观

老虎嘴景观采用白墙黑瓦的中式建筑，建筑采用拱门漏窗，营造出框景、漏景的景观意境，建筑作为游客服务点可为来往游客提供咨询服务、休憩赏玩的空间。

3.3　龙山游客中心

龙山游客服务中心作为景区的重要节点，承担了大量服务性功能，包括引导、服务、游憩以及集散。同时，中式建筑群的景观风格也体现了岳阳当地的自然与人文景观。生态池边运用景石，错落有致地点缀岸线，岸上杨柳依依，春风拂面，令人心旷神怡。

3.4　水车驿站景观

水车驿站运用了大量的木材，水车上的水缓缓流动，营造出夕阳西下，恬淡宜人的环境。

3.5　四亭桥景观

利用现有地形，建造跨湖桥，搭配四座景观亭，丰富桥体景观，形成良好

的立面景观效果，并且为来往游客提供休憩观光的停留空间。

3.6　赏梅阁院落景观

阁内建筑错落有致，分隔整体空间，突破有限空间的局限性，融于自然，将建筑和植物造景相融合，相互渗透，形成幽深宽广的空间境界。合理布局景观建筑，采用古色古香的建筑形式，在湖光山色的掩映下古朴而又秀美，并为来往游客提供休憩空间。

3.7　梅山探幽景观

不只是造景，更是造境。在赏梅阁春眺，碧绿万顷，风帆三五，恰似"天人合一"境界。利用湖岸线和蜿蜒木栈道打造的阳光沙滩、生态岛，形成市民接近自然的绝佳场地。意匠经营，传递古典园林意境之美的集贤亭傲然伫立南湖之角为远眺提供开阔视野。

3.8　梅坞映雪

白雪披梅蕴丽态，红梅映雪暖人心。通过蜿蜒曲折石板景桥连接，因地制宜，贯通水脉，围合出宁静的生态湖，营造生态品质之园，此处命名长桥映月。从石板桥望去，湖滨轩和三道弯景观节点隔景相望营造精致、风雅的形象。

3.9　大坝湖

在观湖轩赏世外桃源般幽静画面，体会"非淡泊无以明志，非宁静无以致远"的氛围做到步移景异。采用江南园林手法植物造景，并在细节处理上注重运用景石、造型树。利用湖边荒废土堤打造景观拱桥，形成沿线视觉中心，用借景、分景、对景等传统造园手法来丰富空间和层次。生态池内赏小桥流水，感"出淤泥而不染，濯清涟而不妖"的品格。

3.10　滨湖轩景观

滨湖轩为连廊建筑群，采用新中式建筑形式，更好地衬托南湖的秀美风景，同时建筑也能很好地融入环境中，营造出和谐优美的景观环境。充分运用原有植物资源，营造以自然式组团为主，结合多元化空间分布，增加植物种类以及视觉变化，使整合景区的植物种植疏密有致，色彩宜人，设计中大量采用乡土树种以保障景观的协调性和可持续性，使整个景区形成完整的绿色循环空间。湖岸沿线采用大量景石堆砌而成，搭配上蜿蜒的石板桥。因地制宜，贯通水脉，营造出宁静悠远的岸线景观，提升整体品质。

4　专项设计

4.1　交通设计

（1）根据环南湖交通三圈的总体规划和基地内地形、地势条件，交通系统设计因地制宜、布局合理，电瓶车道、自行车道和人行步道有机结合，采用环状道路系统，使路网能够到达各个功能空间。

（2）水上游览路线实现了景点的快速通达性，为游客提供水上活动及特殊的景观体验。

（3）主要人行步道道路红线为 2~3m，与电瓶车到和自行车道相通形成环路，贯通了旅游区内主要功能空间。次要人行步道设计宽度为 1.5~2m，其作为主要人行步道的有效补充，使整个公园道路形成一个完整的道路网络，丰富游人的观赏体验，增加景观层次。

4.2　植物景观设计

（1）绿化设计以岳阳本地植物为主，选择的苗木品种应质感协调，色彩变化丰富，层次分明，形态应相映成趣，创造出富有岳阳特色的滨湖绿化景观。

（2）采用先进的种植技术和防止病虫害技术，提高植物的成活率。采用地面、屋面、平台和垂直绿化方式，增大绿化覆盖率，起到清洁空气，降低噪声，调节气候的作用。

（3）尽量减少硬铺装，选择具有透气、透水性能的地面铺装材料，既扩大了绿地面积，又保证了人和车辆的通行方便。

4.3　建筑风貌设计

设计中因地制宜地布置功能性建筑，以尽量减少对现有景观肌理和格局的破坏，整个区域布置有服务性建筑、景观性构筑物和观景性构筑物，这些建筑呈分散式布局，形式、色彩、材料等则以岳阳传统与现代风格有效融合的方式。观景性构筑物和景观性构筑物则采取点线结合的方式，以最大程度满足人们的赏景、休憩等需要，并达到步移景异的景观效果。

4.4 公共设施建设

（1）公厕服务半径不超过 250m，蹲位数量按广场人容量的 0.5% 设置厕所蹲位（包括小便斗数）。

（2）在人流聚集较为密集的场所，布置亭廊、桌、椅子、电话亭、垃圾箱、洗手钵等，设施因地而得景，精巧而富有特色。

（3）服务设施在满足其功能需求的前提下，按照中式建筑风格，与周边环境相协调，并严格控制污染源。

6　结语

本项目通过景观工程的实施，将南湖沿线 28.2km 分布的地方特色和旅游资源串联起来，发掘城市文化资源，强化文化传承创新，把城市建设成为历史底蕴厚重、时代特色鲜明的人文魅力空间。使南湖景区成为岳阳未来的景观核心、文化展台、休闲乐园。实现南湖由"城外湖"向"城内湖"，由"风景湖"向"休闲湖"转变，形成以湖山观光、文化探源、水上运动、休闲健身为主要活动内容的景城融合、城湖共生兼具城市绿地功能的综合性景区。

明轮建筑设计作品的设计概念

——人类学和史学视角下的建筑设计

马扎·索南周扎

青海明轮藏建建筑设计有限公司

摘 要 本文从人类学和史学角度讲述了现代建筑的设计理念，提出设计是朴素自然的表达，人类及人类社会的行为和表达都是基于这三种需要而展开的：即精神的需要；物质的需要；发展的需要。

关键词 人类学；史学；设计概念

设计是一种人类的高级行为表达模式。从建筑、城市、景观、装饰设计等为主要代表的设计类型来看，设计是人类以理性逻辑思维为基础，有目的地创造预设物质世界的行为。由于这种人造的物质世界承载于地球自然环境之中，并且暴露于宇宙环境之下。因此，这种人类的高级行为所创造的是一个完整的、史无前例的、人造的物态体系。

图 1 囊谦县博物馆设计方案

从东方传统文化来讲，地球自然生态环境为阴、为地；宇宙自然环境为阳、为天，那么自立天地之间的人，是独具阴阳和谐于一体的灵物。这一点从承载东方文化显著特征的佛、道思想世界观、宇宙观中均有明确的统一认识。由于思想产生的地理自然环境和社会环境的差异，佛、道思想在外在体现上呈现很大的差异，但是毫无疑问内核具有真理性，那么真理往往是一致的。这里就不用多加论述，以理论物理学为代表的诸多学科的发现正在逐步证明这一点。

作为设计所指向目标的主要代表建筑、城市、景观、装饰设计等人类行为，创造的就是这样一种天地之间独具阴阳和谐于一体的灵犀生物的物质世界。它原本不存在天地之间，是突兀于天地之间，但由于创造主体的灵犀特性和创造环境的体系和谐，必然产生的结果是，这样一个由人创造的物质世界具备与人、人类社会一样的复杂性，从东方文化思想讲，这一物态体系也需要兼具阴阳和谐于一体。从西方文化思想讲，它需要集逻辑理性和心理感性为一体，兼具社会性、自然性、理想性、艺术性、实用性；同时在整体结构上呈现有机的逻辑体系化。其实，这样的人造物态体系就是人类文明的物态彰显。它的良性发展，需要和自然生态一样的持续循环性、生态自然性、有机生长性。索南把这种自认为从宇宙到地球，从自然生态到人类社会，从建筑到城市，都应该具备的良性发展模式称作"生命之树"，一个有机的、自然的、循环的、生态的、生生不息的体系。

图2　果洛藏族自治州藏医院设计方案

从人类及人类社会发展的角度来看，史前人类创造建筑及空间类的物质世界是本能驱使下朴素、自然的原始本能行为。这一阶段人类这种范畴的创造还不能称作设计。随着人类智力的发展、原始宗教的产生，人类第一次面临自身体系和环境体系之间的系统协调问题。其实人类社会化和人类文明始终要解决的就是这样一个问题，不同阶段的人类认知水平呈现不同的文明样态。而人类文明的指向一定是越来越趋于这一永恒主题的完美和和谐，呈现的是人造物态体系和自然体系、乃至宇宙体系的和谐持续的发展进程。

当原始宗教开始在社会组织协调中发挥重要作用时，在这一阶段，语言逐步代替血缘、亲缘成为人类族群社会化认同的结构要素。在原始巫术、族群构成及食物计数、人类自身情感表达多种复杂需要的综合作用下，人类开始自觉尝试一种视觉可识别的线形元素的表达模式 。从最早的岩画、巫术占卜图示、结绳计数、祭祀建筑、墓葬，再到人类族群聚落有意识的等级层次的组织，人类物质世界创造行为模式逐步结束了朴素自然的原始阶段，开始进入有意识、有目的预设阶段。设计的萌芽应该就是源于此时。

由于还没有形成逻辑结构的理性或理智，此时还不应该称作设计。人类社会漫长的古代文明中，人类的这种行为模式、创造模式逐步确立理论或方式，不断满足人类的物质需求、精神需求。东西方用不同的思维习惯和行为习惯组织一个逐步膨胀、扩大、明显存在于地球自然和宇宙自然之间的人造的物质世界和精神世界。

图3 色须寺大经堂设计方案

图 4 康巴诺宗（震后玉树宾馆）设计方案

　　设计概念的确立，至少应该以具备设计理论或设计方式为基础，同时满足审美意识需求和物质功能需要，并遵从于特定社会条件的意识形态需要。从某种跨学科的角度来看，这是设计的基本条件和要素。那么自然生态在设计概念上的强调，仅仅是人类面临生态危机近几十年内才重视的要素。但是毫无疑问，这是承载现代文明的现代建筑和城市必须要解决的问题，是一个随着我们对自然生态体系不断了解而逐步完善解决的问题。

　　东西方文化背景下的设计概念呈现明显的差异，这也是东西方目前呈现的建筑、城市组织实现模式和发展差异的主要原因。综合来说，设计概念的差异主要源自两类因素：一类是自然因素，一类是社会因素。

　　东西方认知模式、行为模式、思维习惯、审美习惯等，均因所处地理气象、自然环境的影响呈现明显差异，造成了东方设计概念意境感悟的礼教方式格制和西方设计概念的物质功能的学科理论格制。艺术审美追求的技法上也明显呈现逻辑理性和感性写意的差别。

　　在古代文明社会，人类逐步在建筑、城市、景观、装饰等行为表达中进入了明显的事前设计阶段。但是，这种设计并不是人类高级的设计表达模式，这一阶段的设计仍然是以满足社会礼教制度、宗教神性等多种复杂需要基础上的定制设计表达。这种设计并不是人类高级理性驱使下的自然表达，在这里要说明一下索南认为的人类高级理性，是符合人类发展，和谐于自然生态体系的人类理性，兼具心理感性、逻辑理性及和谐的人类高级理性。

环顾全球，无论东西方文明，建筑、聚落、城市，都是以王权建筑和神权建筑为结构核心来进行组织建构。这一阶段的设计并不符合人类及人类社会真正的理性需要的设计。这一点是由人类文明的阶段性造就的。

毫无疑问，人类开始进入一个全新的物质世界的创造模式，并同时开始憧憬真善美的精神世界。如果我们思考什么是人类的文明开端，也许文字的出现仅仅是量变积累下的质变的瞬间。

那么人类文明和设计又有什么关系呢？也许短短一百年前关系都不是很大，但是随着人类进入现代文明，我们之前叙述的建筑、城市、景观、装饰等设计表达，已经进入一个全新的阶段，一个满足人类现代文明背景下的理性需要的设计阶段。东西方文明以不同的方式进入现代文明，最根本的区别是主动和被动的差别。

图5 西藏档案馆设计方案

现代文明已经从法国大革命过渡到网络信息共享的数字时代。人类经历了从理性复苏到狂妄理性，再到理性反思的阶段，逐步走出现代文明的早期阶段。

随着生态危机、自然灾害、环境及水资源、粮食、疾病等诸多问题的爆发。人类更高级的创造模式和创造思想已经完成了量的累积，即将实现质的跨越。现代文明阶段，人类创造物质世界和精神世界只能平衡和谐，才能实现有序和循环，而这正是人类早已存在的自然环境和宇宙环境的运行法则和生态法则。

对于现代设计理论来说，只有明白现代文明的内涵和时代背景，才有可能建立正确的现代设计理论，而这一理论，应该是建立在人类高级理性需要基础上，一个植根于传统土壤、理性的、符合自然生态规律、有序和谐生长的、丰富的设计理论。现代建筑和城市不应该被"现代"一词囚禁，而应该是被高级理性支配、设计、实现的建筑和城市。形式上的传统建筑、现代建筑、前卫建筑等各派各别，都无法完整诠释现代建筑理念。现代建筑是人类高级理性思维支配的物质和精神价值共聚的物态体系。关键是思想，不是形势。

现代文明下的建筑和城市应该是因理性需要而呈现的人类文明体系的视觉。纽约的现代和北京的现代应该是完全不同的表达，如果纽约呈现高度和复杂，那一定是纽约的需要，而北京至少整体上应该呈现张弛和稳健，怡然和自在，中庸和不易。不为现代而存在，不为时髦而抄袭、不为求新而杜撰，而是一种浑然自在的东方现代气韵，这就是索南理解现代设计理念。索南坚信，设计不仅仅是需要熟知文化，更需要融汇文化的义理。

索南也一直认为建筑和城市是人类最古老、最复杂、最综合、最中性的行为。自然、社会；物质、精神；物理、数学；理性、感性；艺术、哲学样样兼备于其中而和谐怡然。也许，一个伟大的建筑师更需要有跨学科的知识体系，才能完美诠释建筑和城市的内涵。

图 6　鄂尔多斯乌兰活佛府邸设计方案

图7　内蒙古六波罗蜜广场设计方案

　　以上是索南理解的设计的概念，一个人类学和史学视角下的设计概念，是在二十年的创作经历中积累的心得和思考，纯属个人拙见，再次略述，谨求诸路同道、师承、方家斧正，规教。

　　虽然前述的概念有点高远，但是，设计真的那么高深莫测吗？索南的答案是："不是"。设计是朴素自然的表达。一个人布置自己的家园是设计，一个社会组织城市是规划。毫无疑问，无论是人抑或是社会，都需要一个让自己身心和谐的环境。而这种让人们身心和谐的环境，一定是符合人们在历史长河中沉积下来的文化心理认同的精神需求和所处现实时空环境的功能需求，并有利于人们在未来获得更良性和谐发展的需要。

　　人类及人类社会的行为和表达都是基于这三种需要而展开的；即精神的需要；物质的需要；发展的需要。虽然人类并不能保证所有行为和表达都是满足这种高度的理性行为，但是，人类社会发展的方向一定是如此。那么，缩小到设计和规划的层面，对于那些耗资巨大、意义非凡、承载历史文化价值的工程，符合这三点要求是必需的。这也是每一个设计师、规划师、投资者的基本职业道德。

　　人是天地自然中的灵物，是自然万物的驱动，但人不是万能的，相反人只是具备远见智慧光明可能的生物。人只有谦卑面对、感恩获得、本分汲取、敬畏自然的状态下，才有可能让自己的行为和表达趋于自然和谐、社会和谐的需要。

图8 鄂尔多斯乌兰活佛府邸（实景）

人的行为和表达，也只有建立在细致周详而理性严谨的认识基础上，才有可能避免妄断、盲目、浪费、失误。人类历史上的所有伟大人格筑就，没有一个能离开这一规律。

对索南来说，每次设计都是一次文化的洗礼，一次心经的路程。索南总是反复问自己："什么是设计？我要设计的是什么？我要设计的它，应该需要什么？它过去如何？现在该怎样？将来会怎样？索南，你了解它吗？你感动了吗？你爱它吗？"当融入到它之中时，它不一定完美，但一定是感人的。这就是索南的设计、索南的建筑、索南的世界、索南自己。

生态视野下三江源地区民族传统村落保护发展研究

马扎·索南周扎

青海明轮藏建建筑设计有限公司

摘　要　分析了三江源地区民族传统村落保护的战略价值，即生态价值、文化价值、发展价值和民生价值，用战略高度和系统思维认识并实践三江源地区民族传统村落保护发展事业。

关键词　三江源地区；传统村落；保护

0　前言

随着国家战略性的文化重视和藏区各项社会发展战略的实施需要，国家先后批准成立了中国民族建筑研究会藏式建筑专业委员会和中国文物保护基金藏族建筑文化保护专项基金。汇集中国一代建筑学人艰辛与智慧的中国建筑史，泱泱数本。在中华民族文化伟大复兴的历史时刻，民族建筑师有责任、有优势书写中国建筑史中西部山地民族建筑的篇章。

图1　丹巴藏寨

1　三江源地区民族传统村落保护的战略价值

传统村落是民族文化遗产的重要载体，是民族文化的活态呈现，具有非常珍贵的建筑遗产价值。民族传统村落是民族文化生发的土壤、文化创新的源泉。位于三江源地区的民族传统村落，是生态环境的有机组成部分，是独具特色的自然人文有机和谐的生态遗产。三江源地区民族传统村落的保护，要明确两个前提和四个战略价值，这是三江源地区民族传统村落保护发展事业的基础。

1. 要明确两个前提，即正确认识差异的前提、保护与发展辩证统一的前提。

正确认识差异的前提：中国幅员辽阔，中华文化多元一体。在不同的自然地理环境和人文历史背景下，形成了多元一体的系统文化格局。三江源地区民族传统村落在生态背景、文化背景、社会历史背景、社会经济背景以及对中国未来发展所承担的社会责任和使命等诸多方面，都呈现出和内地传统村落的巨大差异。作为国家文化安全战略的具体实践，保护和发展传统村落一定要明确

图 2　玉树藏族自治州称多县布由加国古堡

民族传统村落在保护理念、保护机制上与内地传统村落的差异。要尊重三江源地区民族传统村落的文化是生态的文化，要认识三江源地区的生态是自然与人文和谐共生的生态。

在中国，不能用一个办法或标准解决全部问题，而是要用一个原则和指导思想，有针对性地形成多元的、因地制宜的措施和方法。

保护与发展辩证统一的前提：民族地区的发展，是民族政策和社会主义制度优越性的重要体现。民族传统村落保护发展事业的核心是发展。只有发展了，才有可能让生活在民族传统村落中的人成为保护的主体力量。既不能为了保护而保护，也不能为了发展而一味地大拆大建。保护发展三江源地区民族传统村落，是为了解决特殊生态背景下，三江源河谷地区特殊社会组织单元、特殊人文自然生态体系的可持续发展问题。

在三江源地区，保护与发展辩证统一，人文生态与自然生态和谐共生，一体两面。

图3　西藏山南雍布拉康

2. 要正确认识四个战略价值，即三江源地区民族传统村落的生态价值、文化价值、发展价值和民生价值。

正确认识三江源地区民族传统村落的战略价值，是三江源地区民族传统村落保护发展事业的认识前提。由于特殊的地理环境和气候资源条件、人文历史和社会经济背景，随着国家发展战略、生态安全战略、文化安全战略的稳步实施，我们站在生态视野和宏观战略高度，不难发现，三江源地区民族传统村落不仅日益承载起地区社会发展的重任，而且关系到国家可持续发展的战略，凸显出重要的战略价值。认识这一点，是搞好三江源地区民族传统村落保护发展事业的前提。

图4　玉树称多县直门达村居民

（1）生态价值

三江源地区民族传统村落，是人类与自然和谐共生的典范。世代生活在这里的藏族人民，用他们对于自然的信仰和敬畏，保护着三江源地区的山水，捍卫着这里的生态环境。

没有人类活动干扰的生态之美是洪荒之美，就如与三江源民族传统村落毗邻的世界自然遗产可可西里；人与自然和谐共生的人文生态之美、自然生态之美是田园之美，这是用东方美学思想，才能认识的美的本质，也是中华民族生态智慧的彰显。如珍珠一般散落在三江源河谷地带的民族传统村落和其依靠的自然，就是最好的实证。

三江源地区民族传统村落，不仅是三江源地区生态体系的有机组成部分，也培育着三江源地区生态体系中最为重要的保护力量和保护机制。因此，需要深度理解和尊重三江源地区民族传统村落承载和蕴涵的文化生态价值，这是保护好三江源地区自然生态的前提。

（2）文化价值

位于西部山地河源地区的少数民族，世代捍卫着中国西部山水的生态屏障，并在特殊的地理环境和气候资源条件下，形成了受控于生态承载量的人口规模、与自然生态相适应的文化生态。

在实现中华民族伟大复兴中国梦的历史号角下，三江源地区民族传统村落作为藏区社会构成的特殊单元、传统单元和亟待发展的单元，凸显出重要的文化价值。

三江源地区民族传统村落，是三江源地区民族文化生发的土壤，蕴涵着优秀的传统文化，是实现创造性转化和创新性发展的文化母体资源。离开了民族传统村落这一活态的文化土壤，民族文化就有可能成为静态的标本、仪式性的表演。民族文化的复兴也就无从谈起。

图 5　囊谦县东仓家宅遗址

（3）发展价值

三江源地区社会发展的前提是服从国家生态安全战略，那么，如何在生态报国的前提下，实现民族地区的发展？这不仅事关三江源地区生态保护的社会环境优化问题，而且是藏区传统社会发展的重大课题。文化是发展的重要资源，也是优质的、可持续发展的资源。三江源地区民族传统村落作为民族文化的生发之地、自然生态的重要捍卫力量，以及与现代城镇共存的传统社会单元，是藏区社会发展不可割裂的组成部分，也是实现藏区社会可持续发展，三江源生态的持续改善的前提。

（4）民生价值

在社会高速发展的现实下，世世代代捍卫山水的乡愁田园，祖祖辈辈栖居自然的传统村落，面临巨大的危机和挑战。而这一危机和挑战，由于三江源地区民族传统村落所处特殊的文化机制、生态机制和发展机制，又逐步衍生为藏区社会发展、国家生态安全战略、国家文化安全战略潜在危机和挑战的可能。

解决三江源地区民族传统村落的民生问题，不是匀质化的扶贫战略在这一地区的实施，而是逐步修复和优化三江源地区的自然生态体系、文化生态体系的核心环节，是优化完善自然生态和文化生态和谐共生的关系中，最为重要的人的因素的战略大事。

2 三江源地区民族传统村落保护发展的实践模式探索

三江源地区民族传统村落保护发展事业是一项有着战略高度的事业，同时是有着特殊的技术难度的事业。推动这个事业的核心是战略性的认识、严谨的社会调查、深入的理论研究和稳健务实的实践探索。

大处着眼，细处着手。任何战略性的认识都离不开现实层面的实践探索。战略认识让我们明白为什么保护发展？并为如何保护发展提出指导思想，而实践探索在现实的层面，检验并完善战略认识的真理性和客观性。

在三江源地区民族传统村落保护发展事业的探索实践中，有一些问题是我们应该始终重视和注意的。这也是我们在实践环节形成系统方法的重要依据和着手点。

1. 要深刻理解文化的生态、生态的文化，以及自然生态和文化生态和谐共生的有机生态模式。文化的生态是依然有着鲜活生命力的活态文化，是文化的发生发展机制。

生态的文化是三江源地区民族传统村落内的人，在敬畏守护自然的精神前提下，在生息繁衍田园耕作的现实需要中，创造可持续的、有机活态传统发展观念和文化系统。这也是他们在现代发展的挑战下延续积累的精神文脉和创新资源。人民是文化的创造主体、创新主体，自然是文化的创造土壤和创新边界。

自然生态和文化生态和谐共生的有机生态模式是东方思维模式下的生态模式。不是把社会的发展和自然的生态并行思考的思维模式，不是当社会发展严重破坏了自然生态后的后天反省，而是本身文化所具有的传统生态智慧产生的生态文化和生态景象，是从认识到行为始终符合生态规律的生态模式。这是天人合一的生态思维和行为结果。三江源地区的民族传统村落不仅完美地印证了这一中华传统生态智慧，而且充分证明了中华民族文化中，汉藏文化在本质上的一体和形态上的多元。

2. 要用战略高度和系统思维认识并实践三江源地区民族传统村落保护发展事业。缩小范围试点，整合资源探索。生态政策、文化政策、遗产保护政策、民生扶贫政策、文创旅游政策，要在生态、活态的约束下，要在以人为本的理念下，系统关联，有机探索。

3. 在三江源地区民族传统遗产保护工作和发展建设实践中，要始终贯穿文物遗产保护的工作精神。以文物保护和生态保护的学科视角，有机地把静态文物遗产保护、活态文化遗产利用、动态村落发展建设结合起来。

有历史文化价值的官寨、佛塔、殿堂等作为文物保护。有继续使用价值的传统民居，要在保持外在的传统文化风貌和内在文化功能格局及特征的基础上，优化完善防灾安全性、生活舒适性、生态卫生性。对于要拓展新建的社区，在原有的建设行政管理部门主导的基础上，以文物遗产保护规划设计的方法理念为基础，进行规划设计建设，不破坏文化生态的外在气质，不断裂文化和自然的内在文脉，有机地延续传统，并解决发展建设问题，实现符合中国文化特色的文化遗产保护模式在民族地区的实践尝试。

4. 制定针对性的政策，做一些只有政府才能做到的大事，解决三江源河谷藏区几十万藏族老百姓的民生问题。

从战略高度，依靠政府推动三江源地区民族传统村落保护发展的现实民生问题，实践卫生革命和采暖革命，让藏区极寒地区的藏族人民实现革命性的卫生现代化工程和温暖人心工程，体现社会主义优越性，这一点的意义不亚于农奴翻身解放的意义。从精神的解放到生活质量的革命性跨越。

作者介绍

作者系中国民族建筑研究会藏式建筑专业委员会秘书长、中国文物保护基金会藏族建筑文化保护专项基金管委会主任委员。

最美莫过大梧桐

王劲韬

西安建筑科技大学

摘　要　梧桐，文人所爱之树，直节向上，绿云婆娑，形如绿色的大伞。本文讲述了梧桐这种再普通不过的城市行道树的前世今生，以及它被引种到中国的现状，列举了梧桐在英国伦敦、法国巴黎的自然妙用，并表达对我国梧桐状况的担忧。

关键词　梧桐；行道树

最新一届世界园博会（2016 年）终于在唐山南湖开幕。作为设计者，我在这块 20 平方公里的土地上忙碌、挣扎，前前后后八年之久。眼见着它一步步地从矿坑、煤矸石堆、工业棕地，被改造为中央公园、市民乐园，再被世园组织选定为 2016 世界园艺博览会主办场地，接着又是三年的设计，施工完成。看着它终于开园，这感觉似乎并不是通常想的那种，仅仅是高兴而已，更毋宁说，像是一块石头落地，就如同父母看着自己的孩子从幼儿园走进小学、中学，最后终于考上大学的那份安宁与满足。

开园至今，前后有两次回去看这"孩子"。自己"偷摸"去一回，又公开陪同下届园博会的组织者们去一回。每次在冠冕堂皇的介绍之后，还是会念念不忘要去检验一下设计的细节，那些当时设想的景色、结构、花木品种，看看它们是否都如曾经预想一般。在诸如"都市自然，时尚园艺，绿色环保"等大概念，大理想捣鼓完之后，不禁要问自己，那些真正属于景观师分内的，诸如"问取当地的神灵"，了解脚下的水土等工作究竟做得怎样？而令我们这些所谓"专业人员"大跌眼镜的是，那些当初规划设计时抢尽风头的大广场、大花海、大台阶似乎并未能像预计的那样炙手可热、人见人爱。即便是被寄予厚望的那些"大师园",也远未到得摩肩接踵的程度。炎夏烈日之中,那些本来想用来聚拢人气的广场、花海,几乎一下子变得无人问津,倒是广场一角的梧桐树下聚拢了大量人流,小小一片树林挤得人满为患,像晚点的候机大楼。作为设计者,看到这样的场景,惊讶乎?欣喜乎?更多的恐怕只能是感慨了:几株最不起眼的梧桐树,不经意间竟然成了世园会最抢眼的明星!炎夏中一片最简单不过的绿荫,就能使人气爆棚,足以让那些投资巨万的广场、艺术品、生态花园、海绵花园等,那些曾经在图纸上魅力四射,光芒万丈的"美景"变得相形见绌,黯然失色。这是设计者始料未及,也是供深深反省之事。

想来"问取场地的神灵"不该是句空话,这"神灵"不仅包括场地的风、光、水、土,还有场地的使用者——人。一片简单不过的悬铃木就能撑起绿色的天堂,让人舒心满意。骄阳之下,绿荫就是天堂,哪怕再简单,也是天堂;反之,再美妙的构成、理想、空间也都只能是浮云,摆设而已。这其中有教训、有感悟,或许也是作为设计师最大的收获了。这或许是我们第一次在这最高规格的世界园博会上,种这最普通不过的悬铃木,作为一次有益的尝试,真心希望下一届园博会仍然能有这样的一片梧桐绿荫。

也因为爱上这片绿荫,才特想写下这篇小文,借以谈一谈梧桐,或曰法国梧桐,谈谈这种再普通不过的城市行道树的前世今生。事实上,从它被引种到中国,百余年来,在上海、南京、武汉、青海,几乎各个近代中国城市,都能见到它们根生叶茂,郁郁葱葱的身影。法桐早已不仅仅是巴黎的那片春意,它已成为中国城市景观不可缺少的一部分,早已被染上了浓浓的中国式乡愁记忆,又哪容我们不再认真审视它的价值所在呢?

梧桐,文人所爱之树,直节向上,绿云婆娑,形如绿色的大伞。白居易所谓"一株青玉立,千叶绿云委",说的就是这种高雅清新,直节而上的气宇。所谓"寄言立身者,孤直当如此",既是写树,也是喻人。就像中国人看中的园林立石,壁立千仞,孤峙无依的君子本色。其他诸如栖凤之桐,生于高冈,迎着朝阳,唯君子使(驱使),护佑万民等描述,亦多为此意。

《大雅·卷阿》中的这段凤栖梧桐之说,至少有两点值得看重:一是作为兴盛之世的祥瑞,凤凰总是要在祥和之世才会高鸣,就像今日所说的——盛世造园。二是盛世的梧桐总是那样枝叶茂盛,护荫大地(萋萋萋萋)。

梧桐秉直，青干凌玉，犹如君子人品，古人喻之"青桐"，爱其青碧婆娑，便把制作古琴的那份高雅委托给了它，为的也是那份清净雅致。其实直干之树多矣，如白杨，亦可制琴，然古人却弃之不用，是此意乎？梧桐知秋。如至秋日，必金黄委地，李白所谓"秋色老梧桐"也。那是正值盛年，壮怀天下的感慨。梧桐最美是秋天。那是天高云淡，举目所见皆是金色，宽大的叶片在为人们遮阳挡雨的一生后，在这一季坦然地，灿烂地金色委地，期待来年化作春泥。王维曾用文杏（银杏）作比人生，言其少为栋梁，到了知秋之时，也甘愿化作"人间雨"，依旧那么挥洒自如，且有益于苍生，这岂不也是秋色老梧桐的胸怀？只可惜王维没有在盛世大唐，但这葳葳蕤蕤，护佑苍生的心意，我们还是能够领悟到的。

大梧桐像老师，像箴臣，像西方文献中所说的悬铃木。据说，最早的学园，无论是阿卡德米（Academy），还是吕西昂（Lyceum）都曾是那种师生聚在悬铃木的浓荫下，一路散步，一路研讨的样子，所以得了个"逍遥学派"的名字。英文"School"，原是指一串的，一群的，如：a school of fishes，或者 a school students，就像一群亚里士多德的学生们在一路跟着老师学习那样。那大抵是我们人类最早的学校应有的样子吧。在吕西昂梧桐树荫之下，亚里士多德带着他的学生一路走来，和着葡萄酒的浓香，脚下缓缓踏过梧桐树的落叶，思想却在迅疾地飞奔，把人类最美的事物予以收纳保存。亚里士多德在此一住 13 年，为吕西昂留下了大量珍贵的手稿。

那一页页手稿究竟有多少被后来的文艺复兴学者，如费奇诺等翻译成了拉丁文而得以永久保存，我们已不得而知。我们只知道时光过去了 1800 多年，在与希腊隔海相望的亚平宁半岛上，在文艺复兴的摇篮佛罗伦萨重新出现了学园。一座在卡雷吉（Villa Craggio），另一座在费耶索洛（Fiesole），都属于美第奇家族，由老柯西莫创办（Cosimo the Elder）。这些别墅花园的悬铃木被换成了浓郁苍翠的罗马松，但浓郁依旧，逍遥依旧。就像老柯西莫对费其诺所说的那样：来吧，马西里奥·费奇诺，到卡雷吉来不是为了耕作我们的田野，而是为了培育我们的心灵……

在那天特别蓝，悬铃木的叶片都被染成大片金黄的晴空里，泰奥弗拉斯放下手中漂染的布匹，来到了吕西昂。把那些最珍贵的藏书，那些柏拉图与亚里士多德的书稿一一卷起，就像卷起金黄委地的梧桐叶。每一片都蕴涵着人类最美丽生动的智慧。这个莱希波斯岛上（Lesbos）漂洗工的儿子十几岁就来到学园，他在吕西昂一住 36 年。亚里士多德去世时，将所有的珍贵的书籍都给了他，还包括那吕西昂花园和一座当时最大的博物学图书馆。他就是在这里继承了逍遥学派的"school"教学法，以及那最美好的收藏与分类思想。一榻、一椅、一片桐荫，就是"教室"的全部。那椅子后来被称为"Roman Sun Bench"，似乎是用来专指梧桐浓荫的间隙里，重享阳光的地方。后来罗马贵族小普林尼在他的托斯卡纳别墅花园的梧桐树下，仿建了这椅子，还加上了精致的水压式喷雾装置。据说来访者在炎夏里，只要一坐上去，就会从坐垫四周压出水雾来，极为精致。这事离泰奥弗拉斯学园已经过了 400 年。当然又过了一千多年，德国建筑师辛克尔在他为威廉王子修建的，波茨坦的小花园——夏洛腾霍夫里，也曾努力展现这种优雅，毕竟美好的东西总是那样令人留恋回首。但小普林尼花园中，最重要的还是那些梧桐荫凉。小普林尼在那封给阿波罗尼诺斯的长信中，一连几次提到可爱的意大利的梧桐树（Plane-trees），那是公元一世的罗马贵族花园中最值得夸耀的景观。

泰奥弗拉斯不仅继承了老师收藏的习惯，还保存了学校保留的大量珍贵的古物：标本、地图，还有他的"师兄"，亚历山大在东方征途中千里迢迢带回的，亚洲珍稀植物样本和那些不知名的东方动物。他后来在学园中完成了 200 多部博物学著作，与学园的收藏之丰不无关系。算起来，他算是人类文化史上最有福的学者了——能够在梧桐树下，安安心心地整理写作，比他的前辈亚里士多德要幸福许多。但他为人所记住的，终究还是那两本幸存的植物学巨著，《植物调查》（*Enquiry into Plants*）和《植物的过程》（*On the Causes of Plants*），他由此被认为是人类"植物学之父"，学习植物的人是绕不开他的。他按照植物的产地与用途，如食物、果汁、草药等，编成系统的分类方式，更多地透出吕西昂学园在博物学的渊源。这也是世界植物学的第一个分类系统，为后来的中世纪植物确定与保护打了基础。后来的世界也曾出现过好多《植物的调查》之类的著作，不过再没有哪一次有过他那样的精彩与永恒。也许植物本来是谦卑、低微、默默无语的那种，但因为有了人的研究与分类，却变得如此多彩而隽永。就像泰翁学园里那些再普遍不过的梧桐，因为有了亚里士多德，泰奥弗拉斯的珍藏，有了逍遥学派，而变得如此温情，如此不凡。甚至今天，你若在某个欧洲大学就读，你的学术成绩依然会被冠以"Lyceum Score"这样的提法。由此看来，这座被延续了 800 年，或者 1800 年之久的学校（如果算上文艺复兴时期，美第奇家族创建的新柏拉图学园的话），被誉为"世界大学之祖"，那就是情理之中的事情了。

后来的欧洲文学曾无数次提到雅典吕西昂学园，提到那葱郁勃发的悬铃木，不由得让人想到，这希腊学园的悬铃木，或者比这更早的，由雅典政治家西蒙所倡导种植的，作为行道树的悬铃木，它们会不会就是世界各地城市梧桐绿荫的共同祖先呢？我无从知晓，但从文化学的含义上，我想它们是，一定是。这些憨厚的悬铃木在被引进之初，应该绝不仅仅是那种纯粹植物学意义上的东西，不会只是像种子、苞牙、截干、嫁接那么简单，也不会是像 17 世纪初的那些植物探险家们，如特特拉斯坎特（John Tradescant）那样，千里迢迢把美洲悬铃木栽植在他位于沃克斯霍尔的小花园里（Vauxhall），等待那同样远道而来的东方梧桐（小亚细亚悬铃木）与之杂交的那种漫长期待；以及布蓬（Buffon）在一个世纪后，又将这在伦敦安家落户的美国杂交悬铃木，引进到巴黎……那都不过是个形式和具体过程，重要的是这简单的悬铃木带给世界的记忆与美丽。正如它们每到一个新的国度，人们都会为他起一个属于自己祖国的名称。法国人称它为"Parasel"，意思是它像一把大大的阳伞，撑起巴黎的绿荫，当然也能挡住巴黎的绵绵细雨，因为有了它，巴黎人养成了雨天不带伞的习惯，迥异于他们的英国邻居；而英国人坚持用"Plane tree"概括这种树，甚至直接称之"London Plane"，表明这种英国人研发的杂交悬铃木与雾都伦敦的深厚渊源。正是这种可爱的悬铃木，因之年年蜕皮，岁岁重生，终于熬过了工业革命时代伦敦那出了名儿的黑烟与酸雨的戕害，也躲过了 19 世纪大伦敦城市扩张中严重的烟尘。此前伦敦的行道树几乎种什么，死什么，只有在找到这个不死的憨厚树以后，伦敦人才算真正拥有了绿色的春。看看伦敦人自己是怎么说的："Take that camouflage bark，for instance，it's more than just an accidentally attractive quality. It has that pattern because the bark breaks away in large flakes in order that the tree can cleanse itself of pollutants." 迥异于中国人对法桐行道树那种大片掉皮的烦恼，伦敦人觉得这美丽伪装，不仅仅具有迷人的特质，而且使之如同脱胎换骨一般，熬过一次又一次烟尘酸雾的洗劫。那才是真正的不死之树，敦厚之树，是属于伦敦自己的绿色守护者。

这种原产美国的悬铃木早已将伦敦、巴黎视为自己的故乡。而泰晤士河、塞纳河如果离开了这大梧桐的点缀，即使换上再美的行道树，那也配不上人们心目中那伦敦、巴黎风景。也正因如此，很少会有人在意这大梧桐原来的植物学的称谓，因为那仅仅是一个植物学代码而已：Sycamore，Plane，Parasol，American Sycamore（美桐），叫什么都不重要了，重要的是它们留在城市，永难磨灭的记忆。

从纯粹历史的角度来看，这种原产欧洲的悬铃木，早在最后一期冰川过后，就已经灭绝了。换言之，我们宁可相信这悬铃木来自亚洲，如原产印度的三球悬铃木，也不可能认为它与欧洲有任何植物学上的联系。甚至《圣经》里所说的那种Sycamore，作为古埃及人最钟爱的庭园树，被极大地渲染，以至于埃及榕、埃及无花果等许多原生埃及的植物，都被一无例外地冠以Sycamore的前缀。而Sycamore Trees直接被简化为所有埃及大树的总称。想来这大叶浓荫之树，不仅庇护过巴黎、伦敦，甚至在5000年前的埃及古王国花园中，就是主人最好的守护树。同样，它的树干也是主人死后的永久栖息之所，埃及木乃伊多存于这种古树制成的棺椁之中。

由此看来，今日用以通称美桐、美洲悬铃木，乃至《圣经》中所说的桑树，其原始名称Sycamore，其实早已脱离了它原本所指。还是那句话，它仅是个代号，我们真正要记住的是这种树带给这些城市的浓荫和人文的记忆。

正如今日南京城里的那些百年梧桐，那些曾经壮观的林荫大道，由民国至今逾百年之久，早已是大树遮天、浓荫蔽日，大梧桐的顶端枝叶交错，形成如同绿色拱廊与隧道一般。民国南京，这样延绵十余公里的绿色隧道有多条，夫子庙、秦淮河、中山路，几乎处处绿廊、处处天堂。炎夏之际，行走于这样的绿色隧道之中，烈日当头却不见骄阳，唯觉洞天清凉，外面"火炉"依旧，林下却是别样桃源。六排梧桐浓荫并列的中山路林荫道早已成为南京城市景观最突出的标志。南京市民惜之、爱之、宝之，明知它是由法国引种之悬铃木，并非中国梧桐，却还是执拗地坚称之"法国梧桐"，似乎唯有这样，才能使这异域的树种与家乡的印象连在一起，才能有落地生根的归属感。现在想来这个带着点民国范儿，执拗劲儿的名字实在是很贴切，中国人的高洁、孤直和法国人的浪漫、优雅都融在里面了，还有就是从国父中山先生起，就一直萦怀的那个首善之区，绿色之梦。的确，这种梧桐只能是专属于南京的，就像Plane Tree之于伦敦人的感觉，它们与上海法租界，霞飞路上的那种"法国梧桐"也不一样。

从中山陵到中山大道，到中华人民共和国成立后的山西路、中华路、太平南路，一条条绿色隧道构建起来的南京森林城市的起航绿梦。今日人们对这座六朝古都的所有联想，又哪离得这样的梧桐记忆？民国时，美国人墨菲（H. K. Murphy），中国建筑师吕彦直，他们在拟定《首都计划》时，曾多次参照巴黎、华盛顿城市规划理念，一心欲将民国南京规划为"比伦欧美名城"的东方模范。其规划多着力于建筑、街市，恐怕他们怎么也不会想到，《首都计划》带给南京最大的财富，恰恰是当年引种的那数万株法桐（图1）。

图1　南京1927年公布的
《首都计划》封面
（引自网络）

　　八十年来，这些法桐为一代代南京人遮风挡雨，成为近代"大都会南京"最令人称羡的绿海，当然也是最难以抹去的城市记忆。一如20世纪80年代我在宁波读大学时，不知有多少次骑车一路走过那些绿云蔽日的隧道：健康路、夫子庙、白下路、中山路……骄阳烈日之下，光影斑驳之间，人在其中反而顿生出一种置身世外桃源的愉悦，林间穿行的风显得格外清凉，犹如沙漠中的绿洲，离开林荫一步便是酷暑难当。正如巴克所说的那样，花园的本质就是人类所能够想象到的最伟大的庇护与宁静。诚如是，南京的梧桐绿荫则是对巴克所说的那种"伟大的庇护与宁静"最好的注解。

　　于我而言，大学时代穿行林荫道的感觉几乎是定格的，没有任何东西可以替代这南京印象（图2）。即使南京出现再多的高楼、地铁，再多的现代化，也绝无可能代替这旧日的印象，至少对老一代的南京人而言是那样。因为新的东西还需新的百年，甚至比它更漫长的岁月，才有可能逐步沉淀下来，被市民认可，就像巴黎人接纳埃菲尔铁塔那样。

　　谈到上海的梧桐树，没人绕得开张爱玲笔下的梧桐林荫道和她那独特的称呼："洋梧桐""小洋梧桐"。这大概是民国上海人最别致的叫法了，有点儿

图 2　南京的城市记忆——大梧桐，"绿隧道"
（引自网络）

小家碧玉，凄凄切切的，也总是在秋天，虽然也有过那么一点点招摇，烂漫的绒毛、"绿碗"等昵称，但更多的时候，还是那斜阳下的"萧萧落叶"，凄凄风雨。那是法租界，衡山路上的梧桐。当年叫做"贝当路"，几乎是东方时尚的代名词。法国人恋家，于是就在路两边满满地种上那千里迢迢从家乡带来的悬铃木，希望它能长成巴黎香街那样的参天林荫。如今他们同样树龄百年，枝繁叶茂，路两旁又都是别样的欧式小洋楼，透着那个浓浓的"海派"味儿，与南京中山路上那宽博宏大，仁厚如山的大梧桐迥乎不同，虽说都是民国的那个"派儿"。

张爱玲在《公寓生活记趣》用对于她来说最平实真切的语句，写下了她对上海梧桐下的感受："衡山路给人感触最深的就是路两边浓密的法国梧桐……悠远的历史使树的枝叶异常繁茂，经过修剪的树枝密密地遮盖了路的上空，烈日炎炎的夏季，这里却是一派世外桃源的景象……"那是上海特有的梧桐树的夏天，静谧优雅中透出那一点点小资情调。想来那时候的上海梧桐是如此的"岁月静好，现世安稳"，就像作家说的那样，又都是那样的温顺可人，好像那个见到"他"以后，便会低到不能再低，又似乎执意要从尘埃中开出花来的张爱玲。想来这便是上海梧桐夏日里最温馨的故事了吧。也许这位民国才女并没有能获得她渴望的那种"静好"岁月，而她一生唯一的一次哀婉凄美的感情波澜，也恰恰发生在这衡山路的漫天落英中，在一次次梧桐秋荫下，在独自漫步中等待，凋零，又归于平淡。丢落的黄叶并没有珍藏起来的任何记忆，像几乎所有民国才女的宿命一样。这与吕西昂学园中卷起秋叶的泰奥弗拉斯的感受是何等的两样！如今听来，这句"岁月静好"，倒像是对这上海夏日，梧桐绿荫的某种寄托，像是对它们的来世今生一种临别祝福了。

想当年法国人千里迢迢把它们带来上海，一棵棵种在霞飞路上，希望它们长到绿云蔽日，华盖遮天，就像在巴黎的香街那样；蒋介石用重金把它们买来，精挑细选地种在国都，种在中山先生陵前，以期延承这六朝名城的钟灵毓秀，开启这首善之区的世纪绿梦；墨菲把它们延伸到中山路、夫子庙，还特意种在风情万种的秦淮河边，一心要让他们秀出同群，超越巴黎，直到成为东西合璧的"完美东方城市森林"……

的确，一棵树可以让你记起一条路，记住一座城，就像我们在衡山路的桐荫里记住了张爱玲那样。不过，斯人已去。如今我们更关心的是，这些承载了无数记忆的大梧桐是否依然安稳静好？这些阅尽春秋，却始终低得不能再低的老梧桐们，为开通地铁，为拓宽道路，甚至只为了透出某个商店的招牌，一次次低头，一次次为现代化让道。直到有一天，我们猛然发现，这些厚道谦虚的老树正以每年数千棵的惊人速度离我们而去，而我们自诩为"现代"的城市其实并离不开他们的护佑与祝福。离开它们，我们的街道就像是被掏空了一样。

我们一边依旧在毫不留情地涂抹城市的记忆，一边却又在自我安慰。还煞有介事地给这些老树办理各样的"移居手续"。好像是要给那些依旧怀着一份记忆的人一个交代，或对那些有民国林荫情结的人们一点精神安慰，就像死人的葬礼通常是为了安慰活着的人那样，甚至比那样的仪式还要无趣！因为我们明知道，对于这些年逾百岁老树而言，其实没有任何移栽成活的可能。因为它们太老了，不再有可能像它们少年时候那样，可以漂洋过海，死而复生；也因为它们已经把根扎得太深，对着城市眷恋太多，而再无可能潇洒地挥手离去。

还能说什么呢？因为一切都是为了现代城市发展的需求。但更为悖论的是，每当我看到巴黎的香街、卢森堡公园的林荫道时，总有一种抑制不住的愤懑。为什么同样的梧桐树，因为生在巴黎，竟会有如此的葱郁，如此的生机。要知道，它们本是我们民国城市大梧桐的同门兄弟，父辈甚至是爷爷辈；抑或，是因为巴黎，伦敦太过落后，才使得这些梧桐老树得以幸免？砍光大树的南京，它的道路真的疏解了么？我不得而知。但我转而又不禁为它们的逝去感到庆幸。

其实见不到明天，或是索性将岁月定格在民国的城市，没准儿是一份福。因为它们从此不再看到我们正经历着的，以及还要经历很久的那些尴尬，就像法国作家福楼拜说的那样。

道路越来越宽，骄阳越来越烈。南京城的"火炉依旧"，绿云不在。如今当我们面对这些空阔、"干净"，以至于空洞无依的城市干道，回想起当年那些天花乱坠的规划愿景，以及那些信誓旦旦要给城市以效率、功能、便捷的柯布西耶式的所谓承诺，心中的那份苍白和悖论是如此的难以抑制却又难以言说：我们主动选择为了效率，为了功能而放弃美丽的城市、美好的记忆，但结果却是，我们似乎离效率越来越远，更重要的是，那美丽的百年梧桐林荫道却从此永远离我们而去。就像当年放弃白颐路的那些参天白杨林，并未给中关村大街带来任何疏解一样，那是一份真正的尴尬与苦果。

也许只有到了那个炎炎盛夏，在烈日炙烤、焦躁难耐之下，我们才会再次想起那些久违的梧桐绿荫，才会真正怀念那大梧桐的敦厚以及它们曾给予这座城市的爱，而这或许就是我们常说起的那种久违的乡愁吧。而这，又哪里是一句口号、一次号召就能失而复得的呢？

扬州大明寺大雄宝殿木柱修缮工程

张志强

江阴市建筑新技术工程有限公司

摘 要 在扬州大明寺大雄宝殿木柱加固修缮过程中，根据现场勘查和检测，分析了木柱的残损状况及其产生的原因，以 CFRP 加固木柱的研究现状和在实际工程中的应用为分析依据，根据裂缝宽度不同，对裂缝采取不同的处理方法。采用以文物保护原则为基准，以传统工艺和现代新材料相结合的加固方法，使加固修缮后的古建筑能很好地保持原貌。

关键词 碳纤维加固；木结构；古建筑

0 大明寺简介

扬州是国务院公布的首批历史文化名城之一，具有悠久的历史和灿烂的文化。大明寺（图 1）是全国重点寺院，坐落在扬州古城西北蜀冈之上，依山面水。扬州大明寺是扬州现存历史最早的寺庙，是全国重点文物保护单位（图 1~ 图 10）。

大明寺始建于南北朝刘宋孝武帝大明年间（公元 457—464 年）。清代李斗在《扬州画舫录》中记载"诸山皆以为是寺为郡中八大刹之首"，可见山寺声名之盛。

唐朝寺中高僧鉴真曾任该寺住持且东渡日本弘法，传为佛门美谈；宋代欧阳修、苏轼先后在寺中分别建平山堂、谷林堂，成为文人登游的佳处。

康熙、乾隆多次巡幸，辟西园、留墨宝，视为恩荣，因诸多盛事而闻名天下。

　　寺院曾多次被毁坏，最后毁于咸丰年间兵火，现存建筑是清同治年间（1870年）修建。

图1　大明寺全貌

图2　牌楼（一）

图 3　牌楼（二）

图 4　钟楼

图 5　鼓楼

图 6　大雄宝殿

图7 "淮东第一观"石碑

图8 "天下第五泉"石碑

图9　鉴真纪念堂

图10　鉴真大师像回国巡展套票（1980 年发行）

1 工程概况

由于年久失修，大雄宝殿建筑的屋面、地面、油漆出现了不同程度的渗漏及老化，直接影响对外开放和佛事活动，亟待维修保护。

扬州大明寺遂将大雄宝殿的科学保护工作列为文物保护项目，通过多方论证，作出了"对屋面揭瓦修缮、木结构变形加固、室内地坪更换、油漆依旧刷新、院落环境整治、保护室内佛像"的施工总体要求（图11、图12）。

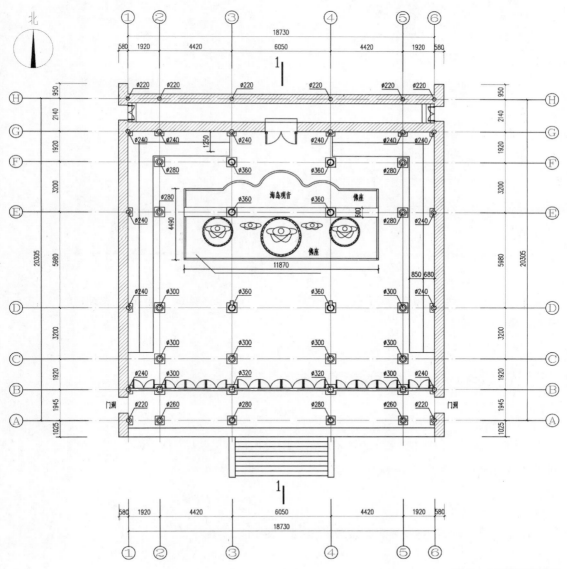

图 11 大雄宝殿平面图

面阔五间，柱中距为 18.7m，其中中间为 6.1m，次间为 4.4m，边间为 1.9m，进深三间，柱中距为 16.2m，前后廊各为 1.9m。

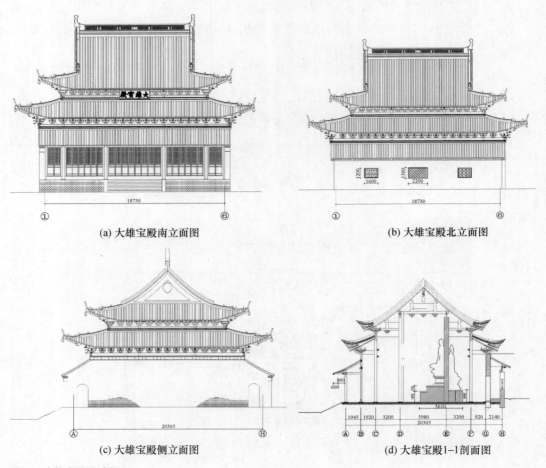

(a) 大雄宝殿南立面图　　　　　　　　(b) 大雄宝殿北立面图

(c) 大雄宝殿侧立面图　　　　　　　　(d) 大雄宝殿1—1剖面图

图 12　大雄宝殿设计图

2　本单位承担了殿内木柱加固的任务

2.1　检测

根据《古建筑结构维护和加固技术规范》GB 50165—92 规定，由技术人员对该建筑物现场进行勘察并检测。

2.2　病害情况

（1）大部分木柱的柱身有纵向裂缝（图13、图14）。

（2）部分木柱柱脚局部腐朽，且有缺损（图15）。

图13 纵向裂缝（一）

图14 纵向裂缝（二）

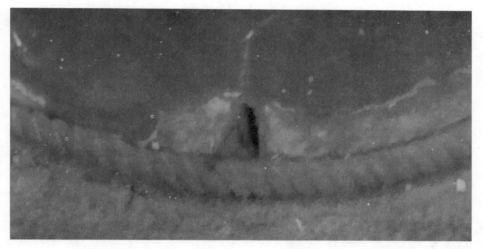
图15 木柱柱脚局部腐朽

2.3 病害分析

（1）基础并未发生沉降，梁的挠度满足规范的要求，卯榫连接未发生拔榫现象。

（2）原木柱在制作时含水率较高，其表面部分比内部容易干燥，而木纤维的内外收缩不一致，年久后由于木料本身的收缩而产生裂缝。

（3）扬州市属于亚热带湿润气候区，环境潮湿，很容易发生腐蚀，常见的部位有木柱的根部。

（4）虽然木柱有表面损伤，但未伤及木结构内部组织。

3　加固方案的制订

同其他寺庙相比，大雄宝殿殿堂高，用料少。但由于该建筑物年代久远，历史文化底蕴深厚，为重点文物保护建筑。

为保证修缮工作的万无一失，在修缮前对其进行了检测鉴定，召开了修缮加固方案专家论证会，提出了相关加固方案。

根据论证会意见，拟采用碳纤维加固法对木柱进行维修加固处理。

（1）做法：为提高木柱抗侧刚度，碳纤维布沿纵向粘贴（图 16）。为防止纵向碳纤维发生剥离破坏，在纵向碳纤维布外侧再包裹一层环向碳纤维布，起到锚固纵向碳纤维的作用。

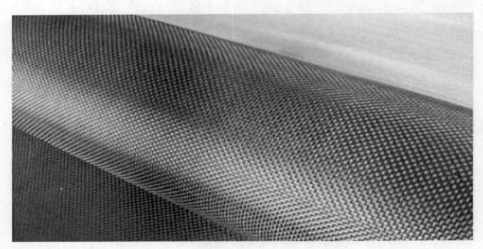

图 16　碳纤维布

（2）加固效果：

① 在木柱纵向与环向形成双向碳纤维复合加固层，有效提高木柱的抗压强度。其柱承载力和延性都有明显的提高。

② 用碳纤维布加固木柱既加固了木柱，恢复受损木柱的力学性能，又有较好的透气性，保证柱子中水分的挥发，延长其使用寿命。

③ 采用厚度较薄的碳纤维布包裹代替传统加固方法中的钢箍约束，在重新刮腻子油漆后保持了原先的建筑风格。

（3）不拆改原建筑结构，既满足了强度、刚度、延性和原材料完整性等指标外，还极大地延续了建筑学的效果要求，使其加固后保持原有风格，实现了"修旧如旧"的文物建筑和有保存价值的古木结构修复的主导思想。

（4）施工方便。

工程实践表明，应用碳纤维加固木柱，尤其是对古建筑的加固可取得显著的经济效益和文化效益。

① 施工便捷，工效高，没有湿作业，不需现场固定设施，施工占用场地少。

② 高强高效，适用面广，质量易保证。

③ 耐腐蚀及耐久性能好。

④ 加固修补后，不增加原结构自重及原构件尺寸。

4 施工工艺及过程

4.1 工艺原理

木结构建筑的碳纤维布加固方法是将碳纤维布采用高性能的环氧类胶粘剂粘结于构件的表面，利用碳纤维材料良好的抗拉强度达到增强构件承载能力及刚度的目的（图17）。

图 17 大雄宝殿加固施工

4.2　工艺流程及操作要点

工艺流程：卸荷→基底处理→裁剪→涂底胶→粘贴→养护。

（1）构件卸荷。可以直接去掉作用于构件上的可卸活荷载，也可通过其他仪器设备，相对于原有作用荷载反向作用于构件。

（2）基底处理。去除构件表面油污等杂质或表面突起部位；表面有凹坑时，应用找平材料将缺陷部位填补平整；存在裂缝时，应当按设计要求对裂缝进行灌浆或者封闭处理（图18）。

（3）碳纤维布裁剪。按设计规定尺寸裁剪纤维布（含纵横向重叠部分），长度一般应在3m之内，避免剪断纵向纤维丝（图19）。

　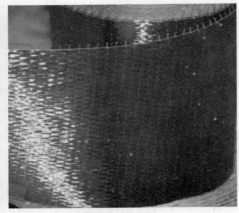

图18　木柱基底处理　　　　　　　　图19　木柱碳纤维布裁剪

（4）涂刷基底胶粘剂。按照厂家工艺规定配制底层胶粘剂．用滚筒或者刷子将底层胶粘剂均匀涂抹到构件表面，待胶固化后再进行下一道工序（图20）。

（5）粘贴纤维布。75%的胶粘剂涂抹在碳纤维布与试件的贴合面，其他的胶粘剂涂抹在碳纤维布的外表面；用滚筒反复沿纤维方向滚压，让胶粘剂充分渗透纤维布，以及纤维间的缝隙（图21）。

（6）养护。施工操作最好是在10~30℃的室内环境温度下进行。

图 20　涂刷基底胶粘剂

图 21　粘贴纤维布

图 22　养护

5　质量要求

（1）验收时必须有碳纤维布及其配套胶生产厂家所提供的材料检验证明。验收以企业标准为验收依据。

（2）每一道工序结束后均应按工艺要求进行检查，做好相关的验收记录，如出现质量问题，应立即返工。

（3）现场验收以评定碳纤维布与木结构之间的粘结质量为主，用小锤等工具轻轻敲击碳纤维布表面，以回音来判断粘结效果，如出现空鼓等粘贴不密实的现象应采用针管注胶（FR）的方法进行补救。粘结面积若少于 90%，则判定粘结无效，需重新施工。

（4）对于碳纤维布粘贴面积在 100m² 以上的工程，为检验其加固效果应与甲方设计协商进行荷载试验，其结构的变形等各项指标均应满足国家规范规定及使用要求。

（5）大面积粘贴前需做样板，待有关方面验证后，再大面积施工。为了确保碳纤维布与构件之间的粘结质量，基底处理首先检查要加圈的部位本身是否有空鼓现象，再进行表面检查，最后对不符合要求的部位采取相应的措施。

（6）严格控制施工现场的温度和湿度，雨季施工要有可靠的技术措施保证。

6 结语

通过碳纤维对木柱的加固实施，沿木柱纵向与横向形成双向碳纤维复合层，能够有效提高木柱的承载力，恢复受损木柱的力学性能，延长其使用寿命；可以在不拆改原建筑结构的同时保持其原有建筑风貌，实现"修旧如旧"，可为其他古建筑木结构的加固提供参考。

人居意境与美丽中国

——新中式住宅，作为一种可能性的探讨

荀 建

山西华夏营造建筑有限公司

摘 要 文中介绍了我国当前居住建筑的现状，分析了中国传统民居自身的独特性，探讨了新中式住宅的发展前景，旨在营造高品质的人居环境。

关键词 人居环境；传统民居；新中式住宅

人居环境是一个庞大的概念，从广义的角度看，可以视为人类为自己创造的生活空间和工作空间的总和。人居意境，是对人居环境的更高品质要求。住宅，人类最早的一种建筑类型，是人居环境的重要组成部分。因此，营造人居意境，不可忽视对于居住建筑的关注。

当下，对于住宅建筑的讨论看似面对的是一个新语境，因为我们毕竟身处于不同的时代。但是，关于民居建筑而进行探讨的归旨始终是不变的，那就是：如何坚持居住建筑为人所造，使住宅能够符合优质人居环境的要求；同时，又可以通过它的"美育"作用，来陶冶居住者的心灵与性情，以达到二者的良性互动，让居住建筑不仅仅是一所房子。

1 当前我国居住建筑现状

近年来，随着我国经济的快速发展，人口分布、家庭结构、生活质量、生活方式以及生活观念较之以往，都发生了很大的变化。城市人口迅速增加，居住建筑大幅度纵向发展，"俯瞰一城"式的高层建筑成为主流；乡镇的建造活动并没有趋缓，通过新一轮的"圈地运动"建造"现代"或"大气"的住宅建

筑也是时尚。这些建设活动使中国城乡发生了翻天覆地的变化，在迈向现代化道路上的脚步更加坚实。然而不可忽视的另一个问题是，当前城乡居住建筑并未因中国的二元经济结构而完全分离或脱节，反而在某种程度上逐步走向了统一，并衍生了其他问题。

1.1　钢筋、混凝土为主要建筑材料

19世纪，以钢筋、混凝土等为代表的现代建筑材料进入我国，20世纪后半叶，得到较为广泛的应用。与传统的土、木、砖、石等建筑材料相比，这些建筑材料刚度大、可模性强、整体性好，为快速建造大跨度、高层、悬挑、耐火、易保存的建筑提供了基础。当前我国的住宅建筑，多以这些现代建筑材料为主，尤其是多层、高层住宅建筑。这在很大程度上解决了许多地区居住空间不足的问题，而且通过合适的配筋，还可获得更好的延性，使建筑平面布局更加自由。

许多农村住宅建筑也多用普通实心黏土砖砌筑承重墙墙体，内墙采用抹灰处理，外墙面一般为清水墙或者用混合砂浆、水泥砂浆等方法处理，室外地面前庭和后院用水泥砂浆抹面做硬化处理，屋顶一般为钢筋混凝土预制板平屋顶，构造层次为预制板、灰土找坡层、纸筋石灰浮筑层、细石混凝土抹面。

但长远看来，这些材料作为一种复合材料，是不可逆的。第一，大块的混凝土建筑经拆除后形成的建筑垃圾，只能通过运输、掩埋方式解决，并且掩埋后，也无法真正融入土壤。许多工程，常常是先进行墙体修建，再进行混凝土浇灌。这种做法使墙体与梁成为一个整体，墙体成了受力体，钢筋混凝梁则成为摆设，在一定程度上减少了建筑寿命，加剧了材料浪费。第二，建筑整体被连接为一个整体，倘若局部出现问题，很难进行维护和加固，而且所需成本高。

1.2　内部空间布局趋于定型

尽管钢结构的引入为建筑内部空间的自由分割提供了更多的可能性，但在居住建筑中并未得到充分体现。今天，遍布于广大城市的多为多层、高层住宅建筑及部分独栋式别墅建筑。多层、高层住宅以二居室、三居室户型为主，兼有客厅、卫生间、厨房，保证了不同区域的功能分割以及现代人对于私密性的要求。但整体布局因空间有限，无法做更多的变化和调整。独栋式别墅标准相对较高，因建筑面积较大，总平面较为宽敞，有条件进行更加多样的设计，并配有庭院绿化和小建筑处理，但空间分配也属于高层建筑的扩大版，基本上是移植于西方，甚少根据中国传统的家庭理念和居住习惯做出适应性改变。

部分乡镇地区，住宅建筑虽还沿用着以"间"为单位的度量方式，但进深基本都扩大了，内部空间在"间"的范围内都做了很大改变，分隔主体思想与城市建筑基本类同。另外，很多地方的农村居民往往单独建造房屋，没有空间的概念，很多建筑之间没有相互关联，房屋与房屋之间有很大的间隙，导致室内、室外空间都没有得到合理充分的利用。

1.3 建筑与环境关系淡化

关于"千城一面""千村一面"已是城乡发展过程中一个绕不过去的话题。这从表象上向我们显示了问题的症结，建筑原有的地域特色正在消失或已经丧失。居住建筑也是如此。资本介入后的住宅建筑作为一种商品，在一定程度上也体现出房地产商为满足市场需求、提升自身竞争力而做出的创新性。但就当前市场中呈现的绝大多数住宅而言，均呈现出规划雷同、建筑雷同、景观雷同，甚至楼盘名称也雷同的尴尬现象。大体量的高层居住建筑因可以有效地解决人的矛盾关系被广泛应用，但解决的结果是存在局限的，它只是部分实现了人们以"住"为核心的基本需求，而所有的功能限制了在了建筑内部，且因一味纵向发展，人与地的基本附属关系则被剥离，人对于阳光、空气等自然需求也无法得到满足。

进行过整体规划、拥有一定设计资源的城市尚是如此，相对缺乏条件的乡镇情景更不容乐观。建筑材料、建筑风格都由工匠队伍所决定，而工匠队伍的"新潮"是向城市看齐，这就不可避免地导致了农村居住建筑"城市化"。加之农村中过去的老建筑脏、乱、差问题突出，且不能实现有机更新，广大农民便对于过去的传统居住建筑形成偏见，他们更愿意去住宽敞、明亮、卫生的现代住宅。这样，农村原有的民居建筑景观风貌被改变，与此同时，其所负载的地域特征和乡土特色也与之不存。

1.4 多元下的传承性有待商榷

当前，中国当代建筑创作和建筑理论研究进入了空前宽松、活跃的新时期，加之国外建筑理论不断涌入，不仅大大开阔了中国建筑师的视野，也为建筑创作与理论创新注入了新的动力。在建筑市场、新媒体和全球化的大背景下，中国建筑行业对居住建筑的探索正在进行中，绿色建筑、智能建筑、节能建筑等新名称不绝于耳。但理论先行，实践滞后。当前的住宅建筑，仍然很大程度上遵从了西方现代派建筑代表勒·柯布西耶的观点，顺应着工业时代的思维，将住宅定义为"居住的机器"，大规模"生产"着同质化的房屋。

这种从设计思想到建筑材料，从理论支撑到建筑技术，从审美趣味到建筑风格都很大程度上"依附"着他者，多元化盛景下则是一元化的思想，即以"西式"为上指导下完成的住宅建筑，是否完全适用于本国居民，是否具有传承的价值，有待商榷。

2 中国传统民居建筑再认识

与现代居住建筑所展示出的工业化思维不同，中国的传统民居体现出的是浓重的乡土特色。中国民族多、幅员广。古人于不同的环境、气候、风土人情、文化习俗下，造就了不同的居住环境，并形成了具有自身独特性的民居建筑。

2.1 以木、砖、石为主要材料

砖瓦良缘，木石结盟是对中国古建筑在材料运用上最贴切的形容。我国的传统民居建筑与中国建筑特点一致，基本遵循了就地取材、顺应自然的思想。

以客家土楼为例，这些地区的土质多属"红壤"或"砖红壤性"土质，质地粘重，韧性较大，稍作加工便可筑起高大的楼墙。该地山区又盛产硬木和竹子，硬木用于建房，竹片则提供了相当于建筑骨架的拉筋。同时，由于地理和气候的原因，客家由原来的麦作文化改为稻文化，糯米、红糖由此变为就地取材的最好凝固剂。这三种建筑材料和砂石一起，构筑成了丰富多彩的土楼。

这些源于自然的建筑材料都是原生的，具有其他材料不可比拟的优越性，符合当前的环保要求。其使用不仅符合生态学，而且符合人的心理惯性，如木材特质鲜活的纹理、柔软的手感都能给人以传承感和安全感。此外，经过漫长的发展，这些材料还积淀了丰厚的文化内涵。纵观建筑历史，木、砖、石经不断改良，以其独特的结构性能和美学价值被用广泛应用于传统民居中，大至基本构架、墙体，小至门窗、家具等。当然，木、砖、石对不可再生资源的依存度高，一定程度上也不利于社会的可持续发展。

2.2 以木构架为基本体系

我国民居建筑类型多样，但运用范围最为广泛的仍属木构架建筑。木构架建筑是由柱、梁、檩、枋等构件形成框架来承受屋面、楼面的荷载以及风力、地震力的，墙并不承重，只起围闭、分隔和稳定柱子的作用。因此，房屋内部可以自由分隔空间，门窗也可任意开设，使用的灵活性较大，适应性较强，无

论是水乡、山区、寒带、热带都能满足使用需求。北方的抬梁式、南方的穿斗式、西南的竹木构干阑式、东北的井干式，都是木构架因地制宜发展的典型。

木构架一般采用卯榫结合，卯榫节点有可卸性，替换某种构件或整座房屋拆卸搬迁，都较为容易。另外，木材本身具有一定的柔性，在削减地震的破坏力等方面也具有很大的潜力。

当然，木架建筑本身也存在一些根本性缺陷。木架建筑易遭火灾、虫灾，受潮后还易糟朽。而且因承重能力有限，难以满足更大、更为复杂的空间需求，木材的消耗量也大，从而限制了其发展。

2.3 与自然和谐相处的生态观

"仰则观象于天，俯则观法于地，旁观鸟兽之文与地之宜，近取诸身，远取诸物……"（《周易·系辞下》）中国传统民居是在中国特有地理环境中产生的。在长久的营建活动中，中国民居建筑深深地打上了地理环境的烙印，聚落选址、格局、外观、形式和风格无不体现出对自然的认识和态度，生动反映了人利用自然、适应自然、与自然和谐相处的生态观念。

东北民居所采取的宽大院落、单体建筑独立分布、朝向庭院一面的主体建筑开大窗、火炕沿南墙布置等，从院落布局到室内家具布置等不同层面的营建措施都是为了更好解决纳阳的问题；北向不开大窗、墙体厚重、屋面有保温层、顶棚设吊顶、明间有暖阁等多个营建措施都是为了解决保温的问题。而在岭南民居中，为达到减少日照促进通风的目的，采取了诸如庭院减小，为天井、建筑正房、厢房相连接以形成阴影区域，设置多个天井，室内空间开敞通透等多种营建措施。

2.4 内含、积淀着传统文化

传统民居营建，一方面是遵循实实在在的自然规律，营建舒适的人居环境，另一方面是将思维与情感融合在物质景象中，二者相互渗透。所以中国传统民居的产生和发展，既反映了人们的生产状况、风俗习惯、民族差异、宗教信仰，同时又积淀着人们的审美取向和社会意识，浓缩着特定民族在特定时间和空间中的文化理念。

中国传统文化所注重的独立中和、尊卑有序、群体意识、和谐精神、崇祖等伦理思想在民宅中都得到了深刻体现。总体如修筑封闭围墙以追求静谧与独立，以中轴线为主延展对称布局以追求中庸、和谐，以建筑结构高低和方位布局表示长幼有序、男女有别的伦理观念。细节则更是不胜枚举，民居建筑、屋顶造型、门窗的格式结、瓦当、廊檐、梁柱等建筑细部上的雕饰，连同室内摆设，都富有寓意。那些飞禽走兽、花果草叶，既生动，又规则有序，表现着先人们对美好生活的期待。

3 新中式住宅，作为一种可能性的探讨

3.1 新中式住宅观念的提出

党的十八大以来，习近平主席曾在多个场合中提到文化自信，这是对中华文化自身价值和生命力的确信和肯定，是对近现代以来出现的以西方文化为中心思潮的有力纠偏，也是当下全球文化冲突融合的重要心理支撑。固然，"文化自信"是一种心理状态，但其根本支撑在于具体的观念形态和文化符号。事实上，建筑就是中国文化的重要载体。当前我国城镇建筑所反映出的诸多问题，就是典型的缺乏文化自信的表现。

自 20 世纪始，世界步入全球化时代。以现代城市规划主义思想为指导的建筑设计理念成为主潮，中国建筑由此也越来越向西化靠拢。自 21 世纪以来，在对以西方为中心的现代主义反思背景下，建筑业也日趋意识到了这一问题的严峻性，并开始重新思考中国建筑应该走向何处这一命题。

事物的发展，是在继承与创新的无限循环中逐渐完成的。探求中国建筑未来的发展方向，中国的传统建筑是其中必不可少的参照系统。中国传统建筑发展至今，已经延续了几千年。至今，在广袤的中国土地上，仍然可以看见其身影。近年来，政府日益重视文物建筑的保护利用工作，强调要通过对古建筑进行科学合理利用来发挥其在当代的价值，但这些都是基于传统建筑本身而言的。欣赏鉴别以往的艺术，是为将来的发展创造服务的。对于中国古建筑的保护与传承不应止于此，既要研究它的来龙去脉，还要研究它的记忆技法、艺术特征。

探求中国住宅建筑应当往何处去的问题，也是遵从着同样的思路。中国传统民居、现代住宅建筑都有着自身的优势和不足，并且存在较大的互补性，盲目排斥其中任何一方都是优势偏颇的。所以，我们可以试着提出这样一种思维：是否能够形成这样一种"中而新"的建筑，以传统民居建筑的底蕴去充实现代

住宅建筑的"神"，以现代住宅建筑技术的进步去提升居住建筑的"形"，通过取长补短，让居住建筑既是可传承的，又是符合时代所需的。这就是"新中式"住宅提出的初衷。

3.2 新中式住宅内涵

所谓新中式，即在传承中国传统建筑精髓的同时，结合当代人的审美需求、功能需求等，汲取非中式建筑及现代技术之长，充分利用其在平面布局、材料、结构及建造方法上的精确性和科学性，坚持可逆性、绿色、环保、无污染的原则而创造出的既具有传承性又兼有创新性的，适于现代人居住的建筑。

表 1　现代住宅、传统民居与新中式住宅对比

项目	现代住宅	传统民居	新中式住宅
材料	材料不可再生循环	材料可循环、不再生，易腐蚀病变	强化复合木（以析木为原料，经过粉碎、填加黏合及防腐材料后，加工制作成，强度优于原木、实木复合木）
结构	钢筋混凝土，刚性较强	砖木混合，以木结构为主，刚性有限	钢木混合/轻钢龙骨（重量轻、强度高、防水、防震、防尘、隔声、吸声、恒温等功效，具有工期短、施工简便、便于维修等优点）
空间	空间分割符合现代人所需，但面积狭小拥挤	空间分割不符合现代人所需，因材料刚性有限，空间不可无限延展	沿用传统民居成独栋式住宅，空间开阔（新中式建筑由于自身的承重能力，一般适用于低层建筑，这样的低层建筑对面积也有一定的要求，一般为400m²左右）同时满足起居、餐饮、接待、休闲活动、停车及其他需求
功能	室内水、电、暖设施齐全	室内无水、电、暖设施	一应配全水、电、暖成套设施，满足生活所需（形成独立内耗系统）
环境	人居环境较差，与自然分隔	遵循生态自然观，人与自然关系较为紧密、和谐	利用中国传统民居建筑的设计技巧，包括空间构成（如前厅后堂）、建筑造型（四合院式）、内外装饰、景观艺术（园林小品）及其附属的雕刻、装饰和陈设品
分布区域	城市、乡村均广泛分布	人地矛盾不太突出的地区	适合距城市0.5~1h生活圈周围的区域及广大的乡镇、县级区域
文化属性	异域文化明显缺乏民族、地域文化特征	中国传统文化、地域文化特征鲜明	
色调	—	—	灰白绿红
造价	—	—	30万~70万元

为将这一概念付诸实践，我们进行了新中式院落的方案设计。随后，这些方案将陆续运用到公司新项目的实践当中。

方案一：建筑形为新中式民居，总占地面积为 600m²，建筑占地面积为 410.3m²，总建筑面积为 564.6m²。采用木材与钢材结合式梁架，用中国建筑传统式方法搭建，室内可见梁架结构，局部装饰为砖雕、木雕。墙面色调为白灰相搭，门窗及建筑局部为深栗色，打造田园氛围。院内亭、廊、楼阁，建筑高低错落，绿化树种选用具有吉祥寓意的品种，结合局部中式小品。门窗为铝包木新中式风格门窗，外观上保持中国传统，又有节能、防尘、防水、防蚊、降噪、保温、易维护等现代功能。方案既改良了旧中式一些采光、潮湿、不通透、难维护等问题，又解决了自由和舒适的问题（图1~图4）。

图 1　总体鸟瞰图

图 2　正面效果图

图 3　客厅入口效果图

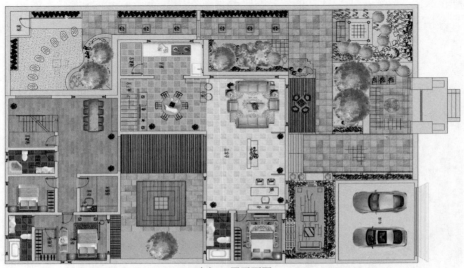

(a) 一层平面图

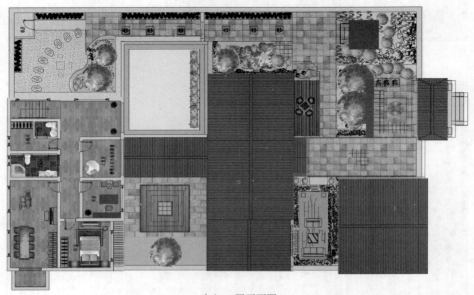

(b) 二层平面图

图 4　一、二层平面图

方案二：建筑风格为新中式建筑风格。住宅平面"U"形，沿轴线设影壁、院门，形似中国传统四合院平面布局，占地面积为 612m²，建筑面积为 369.8m²，绿化面积为 328.6m²，绿化率为 53.6%。

　　屋面形制为组合式屋面为主，高低错落，层次感丰富，采用传统的双坡悬山屋面，灰陶仰合瓦（蝴蝶瓦）屋面；二层露台上采钢化玻璃配冰裂纹钢架，彰显稳重大气（图6~图10）。

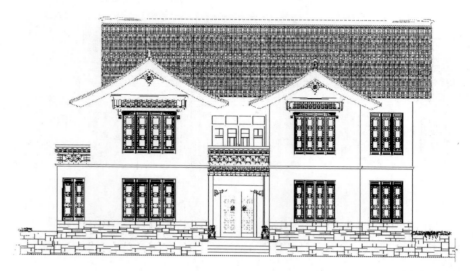

图6　建筑立面图

图7　建筑剖面图

图 8　建筑剖面图

图 9　院落大门

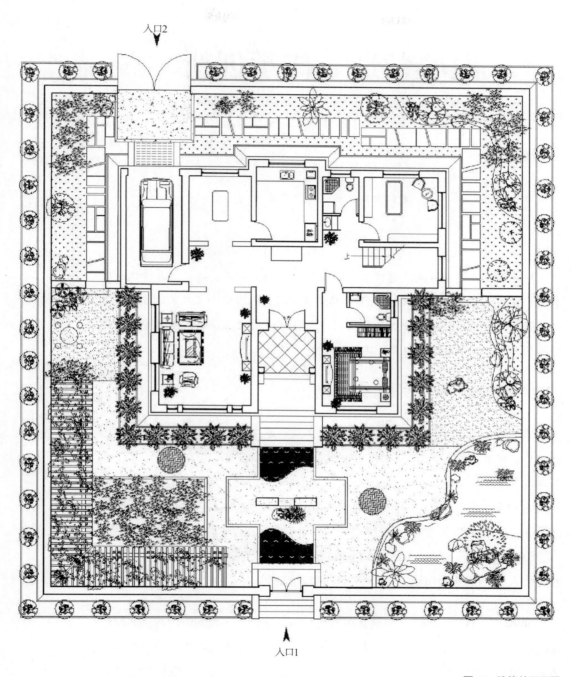

入口2

入口1

图 10 建筑总平面图

匠心营造　传承创新

——常熟古建探索古建技艺人才培养新模式

崔文军

常熟古建园林股份有限公司

摘　要　中国的木构古建筑分布覆盖着从南到北的各个地区，古建筑的保护性维修工作需经常进行。但是大量的传统古建筑大木修建手工技艺后继无人，本文针对这一现状，提出一系列解决措施，包括开展校企合作、师傅带徒弟的传统模式，以及做好"软硬件"建设等。

关键词　传统建筑；营造技艺；传承；创新

常熟是吴文化发祥地之一，自宋代起，常熟就已逐渐形成了一个集木作、泥瓦作、砖雕等多种工艺为一体的庞大群体。据史料记载，吴地"香山帮"鼻祖蒯祥之师蔡思诚就是常熟杰出工匠的代表。常熟古建就是孕育在这片土壤上。常熟古建园林股份有限公司从1982年承担修缮常熟古刹兴福禅寺以来，历经三十多年的艰苦创业，以其自身突出的古典审美内涵和过硬的设计、施工能力，将建筑技术与艺术融为一体、色调和谐、结构紧凑、制造精巧、布局机变，不断在世人面前展现着中国古典建筑艺术的隽永与优美。

2003年，我公司为了更好地适应市场竞争，进行了产权制度改革。产权结构的变化，给企业注入了新的活力，为企业发展创造了新的机遇。公司现具有古建、文物保护、房建、园林绿化四个施工一级资质和风景园林设计甲级等多项资质。在市场经营方面，短短三十多年间，实现了跨越式的发展。改制完成的第一年，施工产值为2.1亿元；到2016年，施工产值规模达10亿元以上。2017年2月，我公司正式在"新三板"挂牌，现正朝着主板上市的目标前进。

公司一直以打磨传世作品的心态，每个项目都倾注着常熟古建人的心血与精湛的技艺。1987年，江西滕王阁重建工程获得国家建筑类最高奖"鲁班奖"、有多项工程分获得国家风景园林学会"大金奖"、江苏省"扬子杯"和苏州市"姑苏杯"。公司连续多年获全国古建行业10强、园林绿化50强荣誉，在行业中处于领先地位。2015年，公司被认定为江苏省非物质文化遗产传承保护单位。另外，企业重视技术创新，取得了31项实用专利和5项发明专利。据不完全统计，公司获得其他各类省（江苏）、市（苏州）级奖高达180项之多。近年来，随着"走出去"战略的实施，公司还走出国门——德国、美国、英国、澳大利亚、日本、赤道几内亚、斯里兰卡等，都留下了常熟古建人的作品。

但在成绩的背后，我们看到了这样一个现象：中国的木构古建筑分布覆盖着从南到北的各个地区，需要经常进行古建筑的保护性维修工作。但是大量的传统古建筑大木修建手工技艺后继无人，在大量的古建筑修缮、仿建过程中，出现了一个值得令人深思的现象，所有第一线操作的大木工人基本上全都是50岁以上的老工人、老面孔，他们虽然技艺精湛、工艺传统，然而无论从体力和精力上都很难满足正常施工的需要，呈现出队伍严重老化、力不从心的势态。培养古建筑大木修建技术力量，使我国大量的古建得以及时维修，延缓生命，已经迫在眉睫。我们注意到古建筑方面技艺人才的缺失，为此，公司在传统技艺人才的保护上下足了功夫，以"校企合作培养新型模式"和"师傅带徒弟传统模式"为抓手，以人才的传承与技术的创新为着眼点，做了大量工作：

1. 公司与专业学校展开合作，建立校企合作模式，培养高素质专业技艺人才。

（1）校企建立合作意向和机制。校企双方确立工作领导小组，主要成员由校企主要部门负责人、企业导师和专业骨干教师等担任。2013年9月，正式组建"古建"学徒班。校企双方分别设立"常熟高新园中等专业学校实习、就业基地"和"常熟古建人才培养基地"。同时，公司每年还为优秀学生提供"古建班奖学金"，奖学金总数达30000元。

（2）共同推进教师培养模式。校企双方达成意向，依托行业专家和企业导师，积极推进专业教师下企业锻炼，实行推行"师徒结对、同伴互助"培养模式。每年与专业教师签订培养协议书，落实工作室培养目标，布置具体的任务。双方确认安排了朱成易、曹翼、虞叶鸣等教师向我公司苏州级非物质文化遗产传承人蒋云根拜师学艺，专攻木作营造技术的"非物质文化与传承"项目。

（3）共同实施人才培养。以学生（学徒）的综合技能培养为目标，以行业技能标准为依据，以教学工场为支撑，以教学和生产任务实施为核心，探索实践以教师、师傅共同教学。

形成"校企互认"课程：依托学校的"缪卫国工艺美术雕刻工作室"和公司的"蒋云根大师工作室"为平台，每年滚动制订了木作技术人才培养方案，积极开展课程体系建设，逐步形成了 10 个"校企互认"课程，其中《木工结构与基础》和《营造技术》为专业核心课程，《扶手制作》和《斗拱制作》为生产性课程。

形成"三三四"人才培养模式：以就业为导向，职业实践能力培养为主线，强化学生职业素养和职业技能，不断优化专业人才培养方案，形成"三三四"人才培养模式，即"三层次、三阶段、四实习"，通过体验式教学方法对学生进行专业定向培养。实训基地积极搭建生产教学平台，基地建有一个木作教学工厂，通过校企结合、工学结合、产教结合的"三结合"的教学实践，把生产项目移植到教学工厂，变消耗性教学转化为生产性教学，实现岗位零距离。

培养的人才的质量与成果：通过近三年校企合作模式，毕业前，学生已具备"综合素质高、动手能力强""懂技术、能吃苦、肯实干"的职业素养。专业学生参加江苏省苏州市职业技能比赛，分获省级二等奖 1 名，三等奖 2 名；另外，多名学生参加行业赛并获得佳绩。2016 年 7 月，两名学生被苏州市人社局入选第 44 届世界技能大赛江苏省精细木工项目集训队，并在选拔赛中荣获第五名和第六名的好成绩。

从古建营造技艺的传承与保护上来看，学校与企业共同培养古建技艺人才，是今后这类人才的主要来源。为此，校企双方没有停止合作的脚步，2017 年 12 月，校企双方又开办了古建筑修缮与仿建班，继续为企业输送古建营造技艺人才。

2. 坚持"师傅带徒弟""徒弟拜师学艺"传统模式，做好传承工作。

（1）做好"名师带高徒"传承机制。我们设立了"名师带高徒"奖励基金，激励老艺人、老工匠公开招收徒弟，老艺人、老工匠也可自行挖掘有潜力的青年技术工，作为培养对象。师傅可以增加木结构模型，模型上标注文字说明、尺寸由来及计算方式。平时要采集已完成的工程照片、图集。师傅要运用高科技设备来对每个施工环节的记录形成完整的科教片，提供给新人学习。同时，我们也应该看到，新进的工人，有一定的 CAD 基础，接受新事物也很快。那么，利用好师傅与徒弟双方的优势，定能创造出更加精湛的技艺。在此基础上，利用 3D 建模，真正培养起技术骨干型工人。要以软件建设为重点，完善模型，充分以继承为要求，传承为目标，创新为手段，来提高和做强师徒传承这项工作。我们看到几位老艺人的徒弟——韩峰、金惠栋等青年艺人，都掌握了行业较高技能，起到了独当一面的作用。

（2）持续对青年技工开展技艺深造再教育。2016 年，经过 3 年的学习，这批学生通过公司则优录取的原则，26 名学生正式成为我公司古建技术工人。这26 名年轻工人，都有一名技艺师傅对其进行一对一传授技艺。另外，公司设立了班级，聘请了资深专家老师继续给他们传授理论知识，力争把他们培养成摘料审核、翻样、细化设计、模拟预安装等更高层次的专业人才。

（3）设立"传承"奖励金。在日常传承活动中，我们对涌现出来的杰出的师傅和青年徒弟，进行一定的物质奖励，从而激发传承和工作热情。师徒双方通过对自身价值的肯定，一定程度上会大大促进技艺的不断提高，形成良性循环。

3. 在古建营造人才传承与保护上，继续加大投入，做好 "软硬件"建设。

（1）为提升核心竞争力，把原属公司的木作车间组建成为"古建技艺传承和发展中心（以下简称中心）"。2014 年至 2016 年，在原来木作车间的基础上，新建木作基地大楼，该项目计划总投资为 1500 万元，占地面积为 7753m²。中心成立后，先后采购了数套程控刨床及配套设备，进行核心技术智能改造。采用智能化新设备后，将以前人工部分纳入智能化管理，将尺寸、规格做到最精细，如榫卯结构的细微连接部分，就能利用智能化设备进行控制，使木作细节之处更加精妙绝伦，不管是在修缮还是在仿古建筑中，更好地还原历代古建技艺之精髓。这是公司增强核心竞争力走出的关键一步。现中心每年完成产值约 1200 万元，木材采购量为 2300 余方，主要承担古建项目的木作制作与安装。中心目前设古建木作加工车间、古建木作大师工作室、古建技艺传承教育研发实习基地。近年来，中心获得了多项荣誉：2012 年，被评为中国民族优秀建筑营造技艺传承单位；2013 年，认定为古建筑传统木作营造技艺培训基地及实践教育基地；2015 年进入江苏省级非物质文化遗产传承保护单位名录；2017 年分获江苏省、苏州市两级工人先锋号，并被评为苏州市现代职业教育定点实习企业。

（2）组建和完善多个大师工作室，充分发挥技艺大师在传承技艺人才培养中的作用。公司在 2013 年，建成了非物质文化遗产传承人蒋云根木作大师工作室，计划在 2018 年完成瓦作、砖洗、油漆、设计等大师工作室的建设和一个集各古建精湛工艺的展示馆。我们看到各类工作室的建立，可以加快推进企业产业升级和技术进步，同时为技术交流，加快人才集聚，形成技术创新团队，为技术研修、创新等提供研修交流平台；以技能大师为项目带头人，传绝技、带高徒，为培养技艺人才，开展技术创新、带徒传技等活动，开拓与创造一批有价值、有分量的作品。

（3）想方设法提高技术工人的收入水平。要让专业技艺人员和工程师、项目经理的收入看齐，让有真正技术的木工、泥瓦工不再是他人眼中的"卑微职业"。我们可喜地看到，我们公司的技术工人收入，甚于要超过项目经理。我们通过绩效考核建立起了技术工人薪酬体系，形成公平的竞争机制，才能更好地留住优秀技术人才，为他们提供创业平台，增强技艺人才队伍的稳定性和延续性，实现个人价值和企业发展双赢的目标。

（4）加强对技术工人的职业培训，帮助他们进行荣誉、职称等评定，进一步增加他们的社会地位与荣誉感。每年，我公司都会组织对一线技术工人进行各类岗位的技能培训。在此过程中，也涌现了多位杰出的技艺人才：

蒋云根获"联合国教科文组织——苏州古建筑营造修复特别贡献奖"，"苏州级非物质文化遗产香山帮传统古建营造技艺代表性传承人""中国营造木作技术名师"称号。

李建明获"联合国教科文组织——苏州古建筑营造修复特别贡献奖"，"苏州级非物质文化遗产香山帮传统古建营造技艺代表性传承人""中国高级古建营造师"称号。

李平平获"中国营造技术工匠名师（油漆）""常熟市非物质文化遗产香山帮传统古建营造技艺代表性传承人"称号。

韩峰获"中国营造技术工匠名师（木作）""常熟市非物质文化遗产香山帮传统古建营造技艺代表性传承人"称号。

王仁元获"中国营造技术工匠名师（大木作）""中国民族建筑事业优秀人物"称号。

金惠栋获"中国营造技术工匠名师（瓦作）""常熟市非物质文化遗产香山帮传统古建营造技艺代表性传承人"称号。

王振江获"中国营造技术工匠名师（假山）"称号。

陈建国获"中国营造技术工匠名师（瓦作）"称号。

金振华获"中国营造技术工匠名师（瓦作）"称号。

韩洪宝获"中国营造技术人物传承奖"奖项。

顾建良获"中国营造技术人物传承奖"奖项。

钱祖良获"中国营造技术工匠名师""中国民族建筑研究会专家"称号。

同时，韩峰、蒋耀明在参加江苏省技能比赛中，获得优异成绩。另外，多位工匠获"中国名将、名师"、苏州"优秀工匠"等称号。

（5）进一步与高校展开学术交流，开展多种形式的培训、作品展览等活动。在学术交流会上，逐步与同济大学、上海大学等几所高校展开技术研发交流。2016年，上海大学、华东理工大学两位教授带领二十多名学生，参观了传承中心，并在古建营造技艺上，提出了宝贵意见。2017年，中国《建筑》杂志、中国民族建筑研究会多位专家莅临我公司，对我公司在技艺人才传承上，提出了宝贵的意见和建议。

（6）继续做好非物质文化遗产传承工作。2012年，公司被认定为苏州级"香山帮传统建筑营造技艺"传承保护单位，2015年，升级为江苏省级保护单位，而我们现从事的"香山帮营造技艺"又是国家级的非物质文化遗产传承项目。"香山帮营造技艺"根植于江南一带，特别是苏州地区，是以木匠领衔，集木匠、泥水匠、石匠、漆匠、堆灰匠、雕塑匠、叠山匠、彩绘匠等古典建筑工种于一体的工匠群体。将建筑技术与建筑艺术融为一体，色调和谐、结构紧凑、制造精巧、布局机变，具有浓厚的地方特色和文化艺术价值，同时公司又拥有多位非遗传承人。在此期间，2015年，公司出版《常熟香山帮古建技艺作品图集》，拍摄了蒋云根、李建明苏州级非物质文化遗产传承人《古建技艺流程》专题片。2017 年，拍摄了金惠栋、李平平常熟级非遗传承人《优秀工匠》微电影。下一步，我们计划全面深入细致地开展普查工作，摸清"常熟古建筑传统建筑营造技艺"的历史沿革和现存状况。编写"常熟古建筑传统建筑营造技艺"匠人名录与理论文集。荣誉的背后，我们感觉到肩上的责任重大，但我们有信心，也有能力做好传统建筑营造技艺的传承工作。

时代在发展，社会在进步，但承载着几百年历史和辉煌的古建技艺却不能任其自生自灭。古建技艺人才的培养不仅关系到整个行业的发展，更关系到民族文化的延续。信心满怀的常熟古建人一定会秉承匠心营造，创新传承的公司理念，做好古建技艺人才的培养工作，更好地发扬工匠精神，传承古建营造技艺，雕琢自己最诚挚的作品和事业！

风景园林美学的研究对象

唐孝祥[1]　　冯惠城[2]

1. 华南理工大学建筑学院 & 亚热带建筑科学国家重点实验室；

2. 广东省现代建筑创作工程技术研究中心

摘　要　本文以美学研究的视角总结以往关于风景园林美学研究对象的主要观点，借鉴生存价值论美学研究的新成果，提出并论证风景园林审美活动是风景园林美学的研究对象和逻辑起点，以期推进风景园林美学的学科建构和深化研究。

关键词　风景园林美学；研究对象；审美活动

风景园林美学是风景园林学的基础理论，对于风景园林学科发展有至关重要的作用。2011 年风景园林学成为一级学科时，在"增设风景园林学为一级学科论证报告"中明确风景园林美学理论、空间与形态营造理论、景观生态理论是风景园林学三大基础理论，认为风景园林美学是关于风景园林学价值观的基础理论，提供了风景园林学研究和实践的哲学基础。然而，目前对于风景园林美学的研究对象、目标意义等根本问题研究甚少。从学科建设而言，对象的确立是任何一项科学研究工作的前提，明确界定风景园林美学的研究对象或主要内容是风景园林美学研究的基础工作，因为它直接决定了风景园林美学研究的目标、方法和意义。同时风景园林学作为一门综合性学科，与不同学科交叉综合研究是风景园林基础理论研究重要趋势和突破方向。文章着眼于风景园林学与美学的交叉研究，论述了风景园林美学研究对象，以期形成风景园林美学研究共同的话语体系，促进学科的发展。

1 唐孝祥，1965 年生，男，湖南邵阳人，华南理工大学建筑学院教授，博士生导师；华南理工大学亚热带建筑科学国家重点实验室副主任、广东省现代建筑创作工程技术研究中心副主任，研究方向为建筑美学、风景园林美学。
2 冯惠城，1992 年生，男，广东惠州人，华南理工大学建筑学院在读博士研究生，研究方向为风景园林美学。

1　以往研究主要观点

学界有关园林、风景园林、景观等概念的争论，本质上是对于风景园林学研究对象的讨论。学术争鸣很大程度上推动了学科的发展，随着风景园林学一级学科的建立，得到一个较为公认的风景园林学研究和实践对象：户外自然或人工境域，包括城市开放空间、郊区、村落、农田、湿地、森林、风景区等。同时也让我们意识到学科核心概念不明晰对于学科发展的不利，启示我们要从根本概念的明晰的角度去促进风景园林美学的学科建设。对事物发展规律表明，任何事物都不是静止、孤立存在的，而是处于错综复杂的联系之中和连续永恒的运动变化之中。因此，我们对风景园林美学的研究对象进行时空定位时，必须立足于风景园林学和美学所固有的联系和发展的辩证本性。

学界关于风景园林美学的研究对象的讨论，有以下几种主要的范式和观点：

第一类是沿袭传统的认识论哲学（或称知识论哲学）的研究范式，立足于传统的美学理论的立场，把风景园林等同于艺术品，认为风景园林美学是探讨风景园林美的属性和标准。我国著名的美学家宗白华先生就曾提出"中国园林建筑艺术"概念，认为中国园林建筑艺术作为艺术的一种门类，"技术""美感""悠久的价值"三者可共同作为判断的标准，追求理念美的统一观点。宗白华先生把园林放在中国美学史框架下讨论其空间意识与空间美感问题，可视此为对中国园林现代美学研究的开创性文本。后继有陈从周先生把中国园林作为一个综合艺术品；金学智先生在其《中国园林美学》亦继承了此观点。

第二类研究显示出风景园林美学研究对象是风景园林意义和形式的观点。其中，有以中国文化发展为基础，分析中国园林物质载体的文化因子；也有以西方哲学艺术潮流为基础，论述景观实践与理论的发展过程。从根本讲，此类观点一定程度上与第一类观点有类似性，但也要更关注风景园林美学研究历史性维度。另外，艺术表现的形式问题也是关注的重点。以中国古典园林研究为例，《中国古典园林分析》对于传统园林表现形式的分析可谓详尽，侧重从构图、剖面等方面，运用建筑制图的一般方法论原则，比较深入地研究了中国园林的形式美。

第三类是以心理学为基础，研究人对风景园林对象的心理特征。国内对于风景资源的评价就运用心理学的研究方法判断景观特色，总结用旷奥度描述人对于风景的心理感受。刘滨谊进一步指出以风景园林美学为主线探讨有关风景园林中人类生理心理感受、行为与伦理的理论。

以上研究把风景园林的研究对象的属性当作风景园林美学的研究对象。这种研究思路受到认识论哲学深刻的影响，把风景园林美当作了风景园林的基本属性。就如美学界三种追求美的本质的方向视为三大定点：理念（形而上根据）、形式（客观事物）、快感（主体心理）。"在某种意义上，正是这三个方向，构成了美学展开的三个基本研究领域"，风景园林美学的研究也不外乎此。美学理论的各种理念与方法也渐渐出现并有所发展，美学及其相关理论具有一种动态、变化的特征。导致风景园林学界关于风景园林美学研究也是见仁见智，说法不一，对于风景园林美学研究对象更是没有清晰的界定。学界也有提出风景园林美学是研究社会审美观演变的客观规律的一门社会科学，以及园林美学是应用美学理论研究园林艺术的审美特征和审美规律的学科等观点，开始主动地吸收新的美学研究成果。值得注意的是，中国首届风景园林美学学术研讨会认为风景园林美学是阐释风景园林景观和游赏者之间的审美机理问题的观点，尝试从主客审美关系出发研究风景园林美学问题，提供了一种新的角度去看待风景园林美学的研究对象，这种转变的深层原因是根本哲学基础的转变而引起的。下文对于美学理论研究论述和借鉴，就是希望能够找到研究风景园林美学的理论依据。

2 美学研究对象转变的启示

风景园林美学研究除了要立足风景园林现有的研究基础，还要积极地吸收美学研究的新成果。美学理论研究哲学基础到研究对象的转变对于风景园林美学研究有着重大的启示作用。在西方哲学史上，从苏格拉底、柏拉图到黑格尔，知识论哲学（或称认识论哲学）一直主导着西方哲学传统的发展。直到克尔凯郭尔、叔本华、马克思、尼采等哲学家开始反思这一传统，导致美学研究由认识论向存在论哲学基础的根本性转变。认识论主客二分的科学分析式思维模式，以获取关于外在世界和事物的可靠的知识为目标。对于美学研究来说，人们也是自觉地把美作为一个知识对象来认识。把"美"作为一个纯粹客观和固定不变的对象或概念来分析、研究和认识，获得对美的本质的认识，这也是古典哲学走向衰落的重要原因。而从生存论哲学的前提出发，美学研究的第一个问题不再是美是什么，而应该是审美合一可能。不同哲学基础必然导致研究对象的转变，这种美学研究哲学基础的转变启示我们反思以往的风景园林美学研究。

那么，美是怎样存在的呢？建立在生存论哲学基础之上的美学研究立足于人的生命活动、人性发展和自由追求，认为美既是客观的，又是相对于作为主体的人才获得意义的。美不是预先存在于世界客观固定的某个地方或者某物的固有客观属性。美是在人审美活动中现时、当下生成的。美只存在于具体的历史的审美活动之中，只有形成了人与世界的审美关系，美才存在。从逻辑上说，审美关系、审美活动先于美而存在。可以讲审美活动是美学研究中更基本的研究对象，是美学研究的逻辑起点。

美是产生于主、客体之间一种特定关系。我们既不能把它单纯地理解为物质世界的纯客观性质，又不能单纯地归结为主体的感觉。被誉为"价值哲学在中国的开创者之一"的李连科先生指出："美学不过是研究审美价值的哲学学说。"关于价值的本质：来源于客体，取决于主体，产生于实践。说价值来源于客体，是说客体或外部世界（包括人本身）作为人的生存和发展的客观条件，具有满足人的物质、文化需要的属性；而人把外部世界或客体作为自己的生存环境，在于它能在外部世界中，或者说能利用外界来满足自己生存和发展的需要。但是，人满足自己生存和发展的需要与动物的本能生存需要是根本不同的：客观世界不会自动地满足人的需要，人不能单纯地依靠大自然的恩赐，必须靠自己的实践活动去创造。

综上所述，以生存价值论为基础，美学研究的基本对象是审美活动，人在审美活动中产生美，美既不等于客体的某种属性，也不等于主体的心理情感。美来源于客体的审美属性；取决于主体的审美需要；产生于审美活动之中。美学研究从哲学基础的更新到美学研究对象的确立，启示我们反思以往认识论哲学为基础的风景园林美学研究，应该立足于生存价值论的哲学基础，思考风景园林美学基本研究对象。

3　风景园林审美活动作为风景园林美学研究的对象

基于美学哲学基础和研究对象转变的启示，以往以认识论哲学为基础的风景园林美学研究值得我们重新审视，任何对"理念（形而上根据）""形式（客观事物）""快感（主体心理）"进行单独考量的研究都难以解释风景园林审美。从生存价值论哲学观点看，我们认为，风景园林审美活动是风景园林美学研究的逻辑起点。风景园林审美活动的各个方面构成风景园林美学的研究对象，以风景园林审美活动为逻辑起点，可充分联系客观事物与主体心理，并将形而上的理念贯穿其中。有关风景园林美的生成机制、表现形态，对风景园林审美规律的探索以及一切风景园林审美现象的解释等，只有通过对风景园林审美活动的具体分析来获得答案。美来源于客体的审美属性，取决于主体的审美需要，产生于审美活动之中。

美的生成机制表明，美是客观的，是相对于人而言的，是客体的审美属性和主体的审美需要在审美活动中契合而生的一种价值。据此，我们认为，风景园林美则是作为客体的风景园林的审美属性与主体对风景园林的审美需要相契合而产生的一种价值。风景园林美作为一个价值事实，是主客体之间价值运动的产物，既离不开风景园林的审美属性，又取决于主体的审美需要，终究是产生于风景园林审美活动之中的。只有通过风景园林审美活动，才能形成现实具体的风景园林审美关系，从而使风景园林的审美属性和主体的审美需要走向契合而促成风景园林美的生成。其次，风景园林审美活动是人类多样性活动中的一项特殊活动，是人类实践活动的一个有机组成部分，人类的一切审美现象、审美关系与审美规律，都包含在人类的审美活动中。只有从具体的风景园林审美活动出发，才能获得对风景园林美的本质问题的探索，对风景园林审美规律的探索以及一切风景园林审美现象的解释等。

简言之，风景园林美学可以被称为研究风景园林审美活动的学科。因此，对风景园林审美过程的研究和分析自然成为探讨风景园林美的本质和根源的逻辑起点和关键所在。

4 结语

把风景园林美学研究对象归结为风景园林的审美活动，是风景园林美学研究哲学基础从认识论到存在论的根本转变，有助于风景园林美学研究彻底摆脱对美本质追求的死胡同，回归到我们的生命活动风景园林审美上来。风景园林美是客体的审美属性和主体的审美需要在审美活动中契合而生的一种价值观点，让我们从风景园林审美活动、审美关系这个角度更清楚地看到风景园林美的辩证本性（客观性和相对性的统一）和审美标准的辩证本性（既有差异性又有普遍性）。对于风景园林美学研究对象根本性问题反思，借鉴其他学科成果，期待基础理论的研究有所突破和创新，尝试从一种新的思维和范式探索风景园林美学研究，建立风景园林美学的内容体系和学术话语体系，促进风景园林美学研究的价值取向和方法手段的转变和出新，促进学科基础理论的建设和学科的发展。作为风景园林美学研究对象的风景园林审美活动过程究竟是如何，风景园林美生成机制等根本问题是有待学界进一步探讨的更深入的话题。

参见文献

[1] 王绍增，王浩，叶强，等. 增设风景园林学为一级学科论证报告 [J]. 中国园林，2011（5）：4-8.

[2] 吴良镛. 关于建筑学、城市规划、风景园林同列为一级学科的思考 [J]. 中国园林，2011（5）：11-12.

[3] 金荷仙，汪辉，苗诗麒，等. 1985—2014 年《中国园林》载文统计分析与研究 [J]. 中国园林，2015，31（10）：37-50.

[4] 宗白华. 中国美学史中重要问题的初步探索 [J]. 宗白华全集，1981.

[5] 陈从周. 说园 [M]. 上海：同济大学出版社，2007

[6] 金学智. 中国园林美学（第 2 版）[M]. 北京：中国建筑工业出版社，2005.

[7] 曹林娣. 中国园林文化 [M]. 北京：中国建筑工业出版社，2005.

[8] 王向荣，林箐. 西方现代景观设计的理论与实践 [M]. 北京：中国建筑工业出版社，2002.

[9] 彭一刚. 中国古典园林分析 [M]. 北京：中国建筑工业出版社. 1986.

[10] 冯纪忠，刘滨谊. 理性化：风景资源普查方法研究 [J]. 建筑学报，1991（5）：38-43.

[11] 冯纪忠. 组景漫笔 [A]. 建筑历史与理论：第一辑 [C]，1980，2.

[12] 刘滨谊. 对于风景园林学 5 个二级学科的认识理解 [J]. 风景园林，2011（2）：23-24.

[13] 张法，王旭晓. 美学原理 [M]. 北京：中国人民大学出版社，2005.

[14] 常兵. 当代西方景观审美范式研究 [D]. 哈尔滨：哈尔滨工业大学，2013.

[15] 孙筱祥. 风景园林美学 [J]. 中国园林，1992（2）：14-22.

[16] 周武忠. 园林·园林艺术·园林美和园林美学 [J]. 中国园林，1989（3）.

[17] 周康. 中国首届风景园林美学学术研讨会在扬州召开 [J]. 中国园林，1991（4）.

[18] 朱立元. 走向实践存在论美学：实践美学突破之途初探 [J]. 长沙：湖南师范大学社会科学学报，2004，33（4）：41-47.

[19] 李连科. 价值哲学引论 [M]. 北京：商务印书馆，1999.

[20] 吴承照. 加强风景园林学科基础理论研究 [J]. 中国园林，2006，22（5）：12-15.

[21] 王绍增 . 30 年来中国风景园林理论的发展脉络 [J]. 中国园林，2015，31（10）：14-16.

[22] 杨锐 . 论风景园林学发展脉络和特征：兼论 21 世纪初中国需要怎样的风景园林学 [J]. 中国园林， 2013（6）：6-9.

[23] 吴余青， 熊兴耀 . 园林美学研究简述 [J]. 长沙：湖南包装，2015，29（3）：23-27.

[24] 叶朗 . 现代美学体系（第 2 版）[M]. 北京：北京大学出版社，1999.

[25] 朱光潜 . 西方美学史上卷 [M]. 北京：人民文学出版社，1981.

自组织理论下的乡村滨水
景观构建研究

徐英豪[1]　宋桂杰[2]

1. 扬州大学美术设计学院硕士研究生；

2. 扬州大学建筑科学与工程学院副教授

摘　要　乡村景观的形成既是一种自发性的过程，又是有组织的过程。自组织理论着重探讨的是系统形成与发展，并且强调这一过程的自主性。同时其包含的几种发展模式又与我国乡村聚落千百年来各自独立发展而又具风格的模式极其相似。因此以自组织理论作为研究乡村景观发展和营造的理论指导，具有很高的契合度。本文梳理了自组织理论下的乡村形态和空间的演变，指出基底空间是对乡村景观具有决定意义的空间，并以滨水景观作为基底空间的案例，分析乡村滨水景观的整体空间形态的构建要素。力求为日益受重视的乡村滨水景观的更新发展提供一个在设计和规划方面具有适应性和借鉴价值的建议。

关键词　乡村聚落；自组织理论；基底空间；滨水景观

1　自组织理论与乡村滨水景观

自组织是复杂系统演变的根本特征，该理论是于 20 世纪 60 年代末期建立并迅速发展起来的关于复杂系统，如生命系统、社会系统等在一定外界条件下如何自发地由无序走向有序、由低级有序走向高级有序的演化机制规律的概括，具体表现在复杂系统自组织演化的条件、动力机制、演变方式、组织形式、过程途径和发展图景等理论研究。自组织理论由一系列理论群组成，包括耗散结构理论、协同性、超循环理论等。

项目资助：扬州大学研究生科研（实践）创新计划项目（XYSJLX001）；大运河水文化景观保护及评估体系研究——以扬州段为例（17YB19）。

122

乡村景观系统是一种复杂的空间形态系统，具有复杂系统自组织演变的基本前提，但在这种理论指导下的传统乡村却产生了许多独具特色的乡村景观。这与当前我国许多新建乡村千篇一律的规划布局形成鲜明的对比。这也许是因为现在的乡村没有遵循传统乡村循序渐进的变化过程，以及它们的发展动机（一个是由外部指令驱动而另一个是有内部需求驱动的）而产生的差异。而自组织理论则很好地解释了乡村发展的规律，同时也能帮助我们在景观营造时选择更合理的方法。

2 乡村形态及空间的自组织演变

2.1 乡村形态的演变

若要研究自组织理论对构成乡村景观各要素的影响及它们之间的相互关系，先要分辨出乡村的形态，乡村形态可根据构成乡村物质形象的最基本要素——乡村建筑的分散或集聚的状态，以及农户与其所依赖的农业生产用地（耕地、山林、湖泽等）之间的状态分为"分散型乡村"与"聚集型乡村"两种。

"分散型乡村"顾名思义，农户住宅被田地、山林、湖泊等分割，彼此距离因地而异，没有明显的隶属关系或空间交集，聚落整体也无明显中心；"聚集型乡村"由大量乡村建筑聚集而成，各种资源集中。两种不同形态村落的形成，受文化习俗、资源条件、地理条件、社会安定、产业结构变化等多种因素的影响，社会发展的程度越高，自然因素所起的作用就越小。但一般而言，现在的村落大多承袭了过去聚落的基本结构，相较于城市保留了更多的自然、地理因素。

在自组织理论视野下，"分散型乡村"与"聚集型乡村"是村落形态演化的不同形式。而这两种形态又是可以互相转换，具体表现如下：前者的形态通常并不清晰且界限模糊，而后者的形态相对完整稳定，主要呈现团状、带状、环状等。"聚集型乡村"常常会突破既有的边界向外发展。发展衍生出来的村落局部，形态、组织较为散乱，有着分散型乡村的特点。而"分散型乡村"发展到一定程度其内部密度必然增加，从而向聚集型乡村转化。

2.2 乡村空间的演变

不同的乡村形态也形成了不同形式的空间，在分散型乡村中由于每片区域分隔明显，因此公共空间多具有鲜明的特征，也更易被发觉，笔者将这类空间称为显性空间。显性空间通常由乡村的主干道串联，是一块单独被划分出的空间，且功能也相对单一。但其特征明显，类似于城市意象中景观节点的作用，因此，对这一空间的设计可控性较强。在聚集型乡村中，由于用地的限制产生了大量功能复合型的空间，这类空间多隐藏于宅间。相较于显性空间，其界限的划定主要依据村民集体的活动，因此具有很大的不确定性。但隐性空间在发展到一定规模并形成主要功能后，也会被划分为特征明显的显性空间。

综上分析，这些乡村中"自组织"空间转化的独特关系，乡村景观营造的重点可以是那些特色鲜明又容易把控的显性空间，抑或是不易被发觉却承担了许多村民自发活动的隐形空间。这些空间在乡村这个大系统运行的过程中会汇集各种景观要素、生产要素、文化要素等，形成具有功能价值和景观价值的空间，而这些空间也在最大程度上体现乡村的特征，为乡村的格局定下了基调，最终成为了构成乡村景观和表达乡村意向的核心，这些空间也被称为——基底空间。

3　乡村自组织更新的核心——基底空间

3.1　基底空间的概念

基底空间就是在村落形态中存在着转换能量和传递信息的关键性空间。它们如同人体的穴位一样，村落有机体中生命活性最强的部分，占据着资源最为集中的位置。同时，这些空间之间具有互动性特征，共同构成村落空间形态中复杂的信息和资源传递网络。在村落形态中，人们总会发现一些非常有意义的空间要素，它们有可能是一座建筑物，也可以是一座桥、一棵树、一方池塘、一座碑或一片田野等，这些地方往往是村民们讲述自己的村子时必然提及的地方，也是构成自己的村子最为重要的场所，而这些要素往往是一些具有人文、生态、建筑形态等综合价值的空间（图1）。

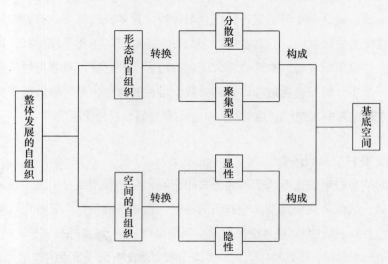

图1　基底空间的形成

3.2 基底空间的自组织特性

普里戈金认为，"当一个新的结构出现某个有限的扰动时，一个状态引向另一个状态的涨落不会在一步之内就把初始状态压倒。它首先必须在一个有限的区域内把自己建立起来后，再侵入整个空间，就是成核机制"。此处的"核"就是系统各要素变化所围绕的核心，而在乡村这一环境下，就是承担各种要素、资源、信息等发展变化的基底空间。基底空间具有如下几点性质：

1. 自相似性。

基底空间是村落形态系统的成比例缩小，有与整体相似的功能和特征。它们既是整体的有机组成部分，同时又自成一个相对完整的体系。正是由于整体与局部的这种自相似性，基底空间成为判别整个村落形态系统活力的关键要素，其活力往往决定了村落形态系统活力（图 2）。

新叶村发展模式

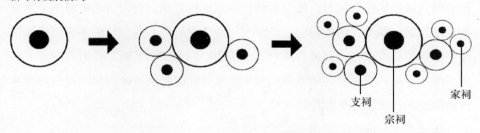

支祠　宗祠　家祠

图 2　村落发展模式的自相似性

2. 自推动性。

乡村形态系统总是处在不断变化之中，适应不断变化的社会、经济发展要求。但乡村形态的这种变化始终是围绕着一个对其发展有着自始至终推动力的"核"。作为"核"的基底空间往往在不同村落形态演变时期承担着不同的作用，是一种动态的变化过程，但它始终都是乡村形态变化的起点。图 3 展示了安徽际村在各个时期的发展状况，可以看到际村从建村之初就是在丹阳古道的附近，初具规模后开始以这条贯穿整个村子的古道作为其形态发展的依据，因此，以这条古道所展开的空间就成为了际村的基底空间。由此可见，基底空间能够作为乡村整体变化的依据。

|(a) 北宋末年际村初建|(b) 元明时期际村修建宗祠和水圳|(c) 清末达到稳定状态的际村和宏村|

图3 围绕丹阳古道发展的际村

3. 催化性。

根据复杂系统自组织演变的"成核机制"，基底空间是传统村落形态系统演变的生长点，它得到放大的时候，会催化整个系统由无序向有序演变，这个过程意味着那些无序的小要素或是空间会逐渐被大空间吞噬同化，而形成一个由大空间主导的具有统一主旨的复合系统。图4展示了该村以滨水公共空间为核心而向周围扩张的过程，可以看到村内临水的宗祠，行政节点等成为了滨水公共空间的一部分，很大程度上可能衍化为滨水广场。而一些稍小的节点如村民宅间的节点或是各种服务性质的节点则逐渐成为滨水景观众多节点中的一部分。由此可见，基底空间能够使具有一定重要性或是重量级的空间发展为对乡村整体形态有决定性作用的空间。

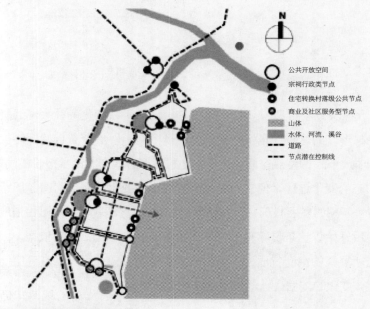

N

○ 公共开放空间
● 宗祠行政类节点
◑ 住宅转换村落级公共节点
◐ 商业及社区服务型节点
山体
水体、河流、溪谷
- - - 道路
- - - 节点潜在控制线

图4 滨水公共空间向周围扩张的趋势

3.3 乡村基底空间中的滨水景观

滨水景观可以作为乡村的基底空间的重要元素，可从以下三个角度分析为何。第一，从历史与自相似性的角度：基底空间的自相似性不是简单的扩张放大，就像我们不能将一口水井单纯地进行体量上的放大就将其作为水庙，这个过程需要有历史的延承性。而滨水景观始终是与乡村整体共同发展的，因此在这个空间内的任何变化都是有根可循的。第二，从景观形态与自推动性的角度：滨水景观从景观形态上来说既是自然景观又是生产性景观，其作为自然景观对乡村形态的影响，以及作为生产性景观对于村民活动的影响都推动着乡村整体朝各个方向发展。第三，从文化与催化性的角度：基底空间的这种催化同化作用，并不是单纯依靠空间的体量，而是依靠附带在这片空间中的文化或者说民俗民风而对周围的其他空间产生影响，而滨水景观又是乡村中最容易产生文化的空间之一。

鉴于滨水景观所包含的历史的、形态的、文化的特性与基底空间以及自组织的种种对应关系，将滨水景观作为乡村基底空间的代表进行研究是可行的（图5）。

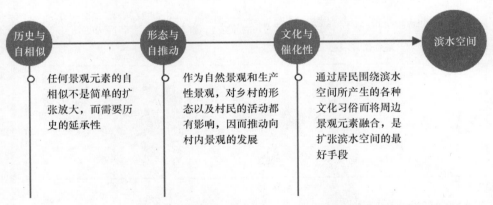

图5 从历史、形态、文化三个角度看滨水景观与基底空间的关系

4 乡村滨水景观的自组织构建

乡村滨水景观的形成有其固定的空间（基底空间），这相当于其发展的基础。在这片空间内的各种要素虽然会根据地理、人文、风俗等因素衍变出风格迥异的具有各地乡村特征的滨水景观，但其组合构成的规律却仍是有迹

可循的。要找到这种规律，则需要对乡村滨水景观中的一些要素的常见组合手法进行分析。

4.1　乡村滨水景观要素的组合

1. 堤岸与道路的组合。

道路和堤岸都具有通行的作用，也经常会出现堤岸的面层直接筑路而形成一体的情况。因此，二者常常拥有相同的构建形式，道路与堤岸可以统一看作路径。乡村滨水景观节点之间都是由路径进行衔接的，路径与节点间的衔接关系就决定了其点线面的转换关系。其主要形式见表1。

表 1　堤岸与道路的组合关系

路径与节点的关系	图示	说　明
穿过		节点以路径为轴形成串联关系，形式为线性景观。观景者在路径中对节点的空间体验感较强
绕过		路径环绕产生封闭的区域，节点空间有较强的独立性。整个环形的空间可看作面状景观
到达		具有较强的目的性，一般是为了突出作为目的地的节点。因此，节点与路径的关联性不大，常单独成景。从观景者的角度应将其划分为点状景观

2. 建筑与广场的组合。

乡村滨水景观中，没有刻意规划广场，其广场也主要是依附于街巷或建筑。建筑与广场都属于人工景观，都能表达一定的主题性。因此，一个空间若想拥有整体性，建筑与广场的布置就一定要遵循相应的规律，而笔者认为将这二者的布置与点线面构成相结合是最有据可循的方式，其主要形式见表 2。

表2　建筑与广场的组合关系

建筑与广场的构成	图示	说　明
集中式		由一个有代表性的空间做主导，其他节点以此为原点进行展开。常表现为以主题广场为中心相邻建筑环绕的形式。其中心在于最具凝聚力的那个点，其他任何要素都是衬托，因此，可以视为点状空间
线式		常由一系列小尺寸空间组成，依道路眼线形成具有规律性的线性空间。其本身并没有很大的自主性，往往只能用曲线来略微增加灵动感
组团式		由一些相似空间复制组成，常常是建筑的单元与单元之间呼应，没有明确的主导空间。这些由点复制衍生的空间一旦形成一定规模便成了面状空间

由此可见，滨水景观各要素的组合始终围绕点线面的体系，但它们的具体形态是由以下几点决定的：第一，其本身在乡村整体环境中的体量。体量大小决定了我们如何看待这一要素，一个广场在小体量的乡村中可能就是最大的公共空间，而如果它本身就处于一个巨大的空间，那么它只是一个点。第二，该要素在乡村中的作用。仍以水井为例，当村民仅仅将它作为采水之用时它只能作为一个单独的点存在，但如果加入了人文的作用，就可能以点为基础形成祭祀空间。因此，要素的形态是由它的被使用场景决定的，而在乡村中最常见的使用场景就是生产行为，由此产生了大量生产性景观。最后，要素的形态还与其相关联的其他要素的形态有关。

4.2　乡村滨水景观的自组织的构建

在确定了这些要素的组合方法之后，依然需要用自组织理论解释为何它能够在乡村的基地空间中被广泛应用。

1. 自相似性形成基础的架构。

乡村滨水景观的各景观节点都是一点状要素开始，逐渐发展成为更大的空间，随后又在水系形态的影响下形成线性景观，这种点到线的架构就是乡村滨水景观的基础架构。如果将其拆分来看，就是河道—街巷—节点的形式，这种形式不断重复，并被不断放大，正是基底空间自相似性的最好印证。

2. 自推动性划分有序的空间。

线性空间是滨水景观形态扩张的依据。环、桥、廊、路等线性元素始终处在水体对乡村的影响以及居民生产生活的影响下。但是这些线性元素除了满足乡村内部的交通功能外，还通过对各种节点的串联形成不同的空间，可以说是空间划分的界限。可以看到这种被滨水景观影响的元素，反而推动了其发展，这就是基底空间的自推动性。

3. 催化性产生的整体复合形态。

当滨水景观这个系统发展到一定规模，它所包含的大量点线面的元素必须通过整合而更新。而这种整合会将所有的元素都统一到一个有相同主题的场景之下，将乡村滨水景观变成一种复合形态，从而形成我们所看见的滨水景观。在这里点线面的转换以及组合关系可以简单归纳为对各种要素进行逐级有序的排列，对景观要素或空间的线性布局，以及围绕道路并重视连接。这正是整个滨水景观所包含的复合形态。

5　结语

本文首先从乡村整体形态和空间的角度出发，分析了在自组织理论影响下基底空间对乡村的影响最大。然后通过基底空间的三个特性，分析出滨水景观可以作为基底空间的典型被分析。在对滨水景观的一些常见要素的组合进行分析时，发现它们仍然可以按照最基本的点线面的手法被组合。但这并不意味着我们可以按照平面构成的方法将乡村中的这些景观元素进行划分排列，要素的整合不是仅仅从功能或形态的角度出发，而应该是形成一种有顺序的、统一的要素整合方法。在这一过程中依然要以自组织为指导，在满足基底空间的三个特性的前提下才能更好地将元素融入乡村的整体景观环境。

参考文献

[1] 姜敏 . 自组织理论视野下当代村落公共空间导控研究 [D]. 长沙：湖南大学，2015.

[2] 张建 . "空间基核"视角下的传统村落形态更新研究：以福建省琴江村为例 [J]. 福建工程学院学报， 2012，10（1）：76-80.

[3] 何川 . 湖南滨水村镇空间形态研究 [D]. 长沙：湖南大学，2004.

传承中华建筑文化
创新传统建造技术

中科巨匠建筑科技有限公司

摘 要 随着钢筋混凝土和钢架结构的出现，中国传统建筑正面临着一个严峻的局面，迫切需要使用一些新材料并找到一种新的表现形式。本文介绍了艺术混凝土这种新型建筑材料的特点，以及其在传统四合院、园林小品中的应用，为现代化建筑快速发展的今天提供更多可能。

关键词 传统建筑；艺术混凝土；节约资源；减排环保

中华传统建筑艺术历经 2000 多年的传袭、演变、创新发展成为中华优秀文化遗产，在世界建筑艺术中独树一帜，是中华文明的瑰宝。传统建筑以木为骨，以砖为身，随着季节的变化、时间的迁移、风霜雨雪的洗礼，匠人们精心打造的古建筑都会面临脱落、掉色等问题。随着钢筋混凝土和钢架结构的出现，现在中国传统建筑正面临着一个严峻的局面。中国传统的建筑需要使用一些新材料并找到一种新的表现形式。

中科巨匠建筑科技有限公司（简称"中科巨匠"）是一家集"研发、设计、生产、销售"为一体的艺术混凝土科技创新型公司。公司主要生产艺术混凝土外墙板等产品，公司投入上千万元，在引进德国技术的基础上融入了 30 年雕刻艺术研发而成。经国家建筑工程质量检验中心、国家防火建筑材料质量监督检验中心以及中国建筑材料联合会科技部鉴定，在环保、防火、抗震、制作工艺等方面均已经达到国家先进水平。艺术混凝土的造型千变万化，可以满足各种建筑的表达方式。既可以达到中国传统建筑中秦砖汉瓦的艺术效果，也可以解决传统建筑不防火、易腐朽、后期维护成本高的问题。

1　从曲阳到北京

　　1998 年，中科巨匠承载着传统雕刻匠心的历史印记，从中国雕刻之乡曲阳迁至北京，历经近二十年的雕塑之路，一直在为传承中国民族的雕塑艺术贡献着力量，并成为中央美术学院、清华大学美术学院等中国八大美院的雕塑制作基地。公司产品出口至英国、法国、意大利、俄罗斯、美国、乌兹别克斯坦等国家，凭借自身雄厚的技术实力和良好的企业信誉，先后承建了上海迪士尼、青岛地铁、哈尔滨太平国际机场、重庆酉阳桃花源景区、北京农展馆雕塑修复、黑瞎子岛"宝塔景区"（图 1）、首都国际机场 T3 航站楼"九龙献瑞"（图 2）、奥林匹克公园的景观大道民族和谐阙、康巴什石窟（图 3）、中国国家历史博物馆"愚公移山"等项目，赢得了业界领导的高度认可（图 4）。

图 1　黑瞎子岛"宝塔景区"

图 2　首都国际机场 T3 航站楼 "九龙献瑞"

(a)

(b)

图3　康巴什石窟浮雕

(a)

(b)

图4　西安大唐不夜城

2　跨界与融合

公司并没有满足于此前的成就,转而探索更加宽广的路。为了实现更多的色彩、肌理与创意,跨界玩起了混凝土,通过五年的研发,一心只想让创意不再有局限,用雕刻匠人的思维打造绿色建筑,让每一座建筑都成为艺术品。

艺术混凝土是混凝土材料中更高级的表达形式,是一种无机复合材料,以耐碱玻璃纤维为主要增强材料,快硬硫酸盐水泥为胶凝材料,沙子等为集料制成的。艺术混凝土可以添加各种改变材料性能的外加剂,也可以为了实现产品的表面效果而添加颜料和其他骨料,这种改性增强了艺术混凝土的物理性能,丰富了产品的表现力。艺术混凝土制造过程中的工艺十分独特,将配制好的玻璃纤维混凝土喷射在模板上,质感细腻,能够保证产品达到优良的密实性、强度和抗裂性能。这样制作出来的产品在品质上与普通的混凝土涂抹工艺有着天壤之别。

3　艺术混凝土颠覆传统民居

传统四合院都是使用木质结构、秦砖汉瓦制作而成。然而新型材料建造的四合院是采用颠覆传统施工工艺的方法建造,从屋顶、墙体,到地面,甚至里面的装饰小品及配饰,全部采用装饰混凝土建造。仿砖、仿木、仿石材,清晰的纹理,真实的触感,让人深陷其中,被艺术紧紧包裹。建筑主体结构采用钢结构,外墙使用装饰混凝土替代了传统的砌砖形式,省时、省力。屋顶同样采用装饰混凝土,整体式屋顶同样替代了传统的挂瓦形式,整体性好。保温采用发泡混凝土,整个项目为工厂预加工,现场安装方便快捷。既减少了现场作业,又减轻了劳动力,为新型建筑发展提供了一个方向(图5)。

(a)

(b)

图 5　装配式传统民居

4　艺术混凝土在园林小品中的应用

　　园林小品通常给人以艺术的享受和美感。光彩照人的园林小品虽属园林好养护中的小型艺术装饰品，但在造园艺术上意境确是举足轻重的。艺术混凝土的创新应用，也给传统的园林小品增加了不少的色彩。本系列产品都是以装饰混凝土作为主要材料，以超凡入圣的雕刻技艺及独家精湛的混凝土翻模技术，综合于一身，充分发挥混凝土材料结构的安全性、耐久性、经济性，加入独家专利技术，为传统水泥制品赋予了独一无二的质感，达到了外观及结构的完美融合。混凝土本身属于廉价易取的材料，但是混凝土独特的机理与质感是其他材料无法比拟的。该项目充分利用混凝土的可塑性，模仿木头、石材、金属的质感，更加节约能源，不仅结实耐用，而且还有多种多样的色彩搭配，给周围环境增加了一份趣味（图6）。

图6 园林小品

另外，利用艺术混凝土建造的装配式露营房是把景观和居住功能结合在一起的集成建筑，整个制作过程全部在工厂预加工，钢架、保温、内外装修一体化，整体现场吊装，一天即可安装完毕。表面主材料为装饰混凝土，此项目充分利用了混凝土的可塑性，远看和近看是木头，用手一摸感觉还是像木头，仿真度达到了90%以上（此材料在上海迪士尼广泛应用，并得到了业主方的充分认可）。装饰混凝土低碳、节能、经济、绿色、环保，表面可雕刻成各种天然石材、木纹、秦砖汉瓦等艺术效果，这样既解决了木材的老化问题，又拥有了木头的效果，使其成为了一种新型的景观小品（图7）。

(a)

(b)

图 7　装配式露营房

5　上海迪士尼探险岛

　　探险岛是上海迪士尼园区内主题元素最多、最大、最难的区域，可以用"平地筑山、高空建林"来形容探险岛。中科巨匠十分幸运地参与了探险岛的建设工作。整个探险岛的工期历时三年，一千多个日日夜夜，近万名一线建设工匠，上千名管理人员，几万张深化设计图纸，几千道工序，精雕细琢、精耕细作、精益求精，从虚构到完美，将天马行空的奇思妙想与中国建造者的东方智慧相结合，凭借丰富的行业经验和精湛的建造实力将严苛的迪斯尼标准在中国落地，鬼斧神工地雕刻出了"以假乱真"的巨石巉崖、丛林树藤，铸就了迪士尼园区除传统标志建筑城堡之外的"新地标"和"新亮点"（图8）。

(a)

(b)

图 8　上海迪士尼

6　哈尔滨太平国际机场 T2 航站楼

哈尔滨太平国际机场现为中国东北地区最繁忙的三大国际航空港之一(图9)。装饰混凝土在哈尔滨太平国际机场 T2 航站楼的应用将艺术混凝土提升了一个新的高度。整个航站楼的外装约 60000m²，罗马柱最大直径可达 2.2m，为目前世界上体量最大的欧式预制构件。哈尔滨太平国际机场地处美丽的冰城哈尔滨西南方向 30km 处，属中国严寒地区，地势平坦，但冬季风雪较大，全年温差为 70℃。项目进行前期，由于气候原因，面临很多的困难。为了使彩石艺术混凝土板与哈尔滨的极端气候充分融合，对产品的技术提出尤为严苛的要求。中科巨匠的研发人员用了近 2 年的实验研发，最终检测指标远远超过了行业标准。

(a)

(b)

图 9　哈尔滨太平国际机场

在现代化建筑快速发展的今天，需要更多的人传承中华民族的建筑文化。传承是延续传统的基础，创新则可以使传统更好地发扬光大。然而，几千年的传统思维、传统建筑的创新发展任重道远。当今国家正在着力推行"装配式建筑"的新模式、新工艺，以实现节约资源、提高功效、减排环保的生态目标。中科巨匠将现代建筑的工艺与雕塑技艺融合，通过前面众多的案例介绍，艺术混凝土可以满足建筑的无限想象，它将为传统建筑的创新与发展提供新的技术，实现"历史与现代及未来"的对接。

从雷峰塔谈铜建筑

——纵论现代铜建筑在中国建筑史上的地位

朱炳仁　朱军岷

金星铜集团有限公司

摘　要　金星铜集团培育了一支高精尖专业铜工程技术队伍，应用现代科技成功建成了雷峰塔、峨眉金顶、杭州香积禅寺、上海静安寺、上海玉佛寺、常州天宁宝塔、黑瞎子岛东极宝塔、汪清普门寺、广州大佛寺、台湾中台禅寺金愿铜桥；杭州国际博览中心（G20峰会主会场）、厦门国际会议中心（厦门金砖会议主会场）、武汉琴台大剧院铜幕墙、江苏大剧院等30多个获奖重点工程，承建/参建工程多次获建筑工程鲁班奖，全国建筑工程装饰奖，西湖杯优质工程、优秀建筑装饰工程奖等。

关键词　铜建筑；发展历史；建筑史地位；理论课题

0　引言

作为杭州的金星铜工程有限总公司的负责人，我和企业的约五百名工匠承担了第一批中国现代铜建筑项目的建设，其中有获吉尼斯纪录的杭州灵隐铜殿；有中国第一座全铜宝塔——桂林铜塔；有中国最高的彩色铜雕塔杭州雷峰塔，这些项目的建成，在国内外影响极大，也引起业内对杭州成为中国现代铜建筑发源地的高度关注。尽管雷峰塔的重建及桂林铜塔、灵隐铜殿的落成揭开了现代铜建筑的序幕，但是由于铜建筑作为建筑领域的一个特殊的分支，其出现的历史短，个例稀少，一直未在建筑界得到应有的重视。在众多的建筑史的著论中几乎没有对铜建筑的理论探究的文章，因此，在雷峰塔的外结构能否以铜为主体的可行性论证中，有不少的专家对铜能否作为建筑构件，对其寿命、防腐、防雷等物理化学性能都有众多疑虑。

142

事实上，从出土的商代铜建筑构件到明清时代的四大铜殿建筑，以及近些年来铜建筑的不断建成，都说明铜作为建筑物的附属构件已发展到成为建筑物的主体材料。而且在城市建设、旅游、文化景观建设及宗教领域的一些仿古或现代建筑中，将会越来越多地出现全铜的或以铜为主体的建筑，它表明铜建筑必将能够在中国的建筑史上占有一定的地位。本文从这一方面来论述铜建筑的意义，也期待有更多的有关铜建筑的理论著述面世。

1 铜建筑的传世情况

中国青铜器时代至今有近五千年历史，在青铜文化的长河中，中华民族的工匠们无时不在展示着自己的聪明才智。他们在创造精美绝伦的青铜艺术品的同时，也不断在用铜来制作建筑构件，美化和点缀生活。河南博物馆中陈列的郑州出土的铜建筑构件及在考古雍城西垣东 600m 姚家岗秦宫殿开掘时发现埋藏的铜建筑构件，这些都是实例。

1974 年，在我国平山县中山王墓中出土了一幅铜建筑设计平面图"兆域图"，它长为 0.94m，宽为 0.48m，厚为 0.01m，一式两份，距今有 2400 年的历史，比国外最早罗马帝国时代的地图早 600 年，铜与建筑的关系这么早就密不可分了。

在历史文献中，对铜建筑构件的使用也多有记载，最早的有《太平御览·汉武故事》中有"以铜制瓦"的文字，明朝《天文记》记载"西域婆罗宫中有七重楼、覆铜瓦。"清朝《颐和园》记载"铜铸瓦、玉石砖、琉璃壁，虽有人作，宛如天开。"

明清时期相继而建的四大铜殿是历史上最有名的铜建筑。中国传世最早的全铜建筑在湖北武当山，是建于明永乐十四年（公元 1416 年）的武当山铜殿。它为铜铸鎏金建筑，建筑在武当山主峰天柱峰顶端，殿高为 5.5m，宽为 5.8m，深为 4.2m，按仿木结构铆焊、榫接，重檐迭脊，翼角飞举，脊饰珍禽异兽，生动逼真。传说永乐皇帝在建筑这座铜殿时，圣喻"务要坚固壮实，万万年与天地同久远"。该殿供奉明铜铸真武帝坐像，风姿魁伟、面容丰润、宁静坦然、雍容大度，与铜殿肃穆庄严相映生辉。

历史上最高铜殿应是山西五台山显通寺铜殿,建于明万历三十六年(1608 年),

殿通高为8m，宽为4.6m，深为4.2m，重约500t，外观两层实为单层，铜殿座在藏经殿前面。据记载：铜殿监制于万历三十三年春，是明代高僧妙峰和尚设计，利用从全国数十个省近万家化缘来的10万斤铜铸造的。四面建方、结构严谨、造型美观、布局精巧、雕镂细致、光辉夺目，实属罕见的青铜建筑物，堪称绝观。

铜殿上层四面各有六扇门，铸有花纹图案。下层四面各有八扇门，雕铸花卉人物，飞禽走兽。有二龙戏珠、玉兔拜月、牡丹开瓶、犀牛望月等。铸工精致，形象生动。殿内供有1米多高的文殊菩萨骑狮铜像，周围铜壁上铸有近万尊各具神态、栩栩如生的小佛像。铜殿的整个铸造艺术是空前的，优美的造型、精致的结构、丰富多彩的图案可见设计者的匠心和总体规划运筹合理得当。它不仅是显示出我国古代劳动人民的聪明才智和高超的铸造技艺，而且传承了中华民族几千年的文明。

另两座铜殿，一座为昆明的鸣凤山铜殿；另一座为颐和园铜殿。

昆明城东的鸣凤山上，有一座金碧辉煌，气势雄伟，纯铜铸造的殿宇，又称铜瓦寺。铜殿坐落在太和宫中，太和宫像一个精巧玲珑的紫禁城，有城墙、城楼宫门环护。这座铜殿置于两层正方形的石砌高台上，第一层台基地面用大理石辅助，底部须弥座用白色花岗石砌筑，围栏刻有花木鸟兽，蟠龙云纹以及二十四孝图的浮雕；第二层台基全用大理石铺镶，雕有龙飞云际、麒麟欢跃等图案。

铜殿的整个建筑逼真地模仿了重檐歇山式的中国木结构古典建筑，结构严谨、连接精密、浑然一体。铜殿高为6.7m，宽为7.8m，深为7.8m，两层屋面，结构端庄大方。内供真武帝君，金童玉女侍立两侧，龟将蛇将也在旁侍卫。圆柱、雕花格扇等均用铜铸成，总重约为250t，殿宇四角由四根盘龙方柱承托。殿身有十六根圆柱支撑。殿壁由36块雕花格扇加坊拼成，其中前后壁各10块，左右壁各8块。每块格扇上，花纹均为互相联缀的形。中嵌11个变形寿字；中段为花草鱼虫纹；下段多作圆形的云龙图，一部分作六形麒麟图。这些花纹雕饰，图像生动、布局和谐、线条柔和、铸造极其精美。

金殿始建于明万历壬寅年（1602年），是崇信道教的云南巡抚陈用兵信照武当山太和宫铜殿式样铸造。明代崇祯十年（1637年）平西王吴三桂在朱址重铸铜殿。殿宇四角高挑的四根金龙盘柱，托举着八方形金龙藻井。藻井上面的正中大梁上，刻雕着"大清康熙十年岁次辛亥大吕月十有六日之吉平西王吴三桂敬筑"。

颐和园铜殿，它坐落在颐和园万寿山佛香阁西侧的山坡上。它未使用一砖一木，而是用几十万斤铜铸成的。这座铜殿叫宝云阁，是一座四方亭子。形式像佛殿，又称"金殿"。宝云阁建于清代乾隆二十年（1755年）。它通高为7.55m，重约为207t。它的外形仿照木结构建筑的样式，通体呈蟹青冷古铜色，坐落在一个汉白玉雕砌的须弥座上。

四大铜殿是中国古代铜筑中的精华，其他也有一些铜塔传世。例如，峨眉山伏虎寺，高为6.8m，14层的铜塔；山西的显通寺的铜塔，塔高为8m，13层，每层高均不足0.4m。因此，这些铜塔原则上只是作为铸铜工艺美术品不是作为建筑物而传世的。

2 现代铜建筑的崛起和范例

铜作为建筑材料有规模地进入近代建筑领域，应追溯到20世纪20年代，以上海外滩一批银行大厦的铜门、铜窗、铜护栏为标志，而真正将铜材作为建筑主体或主要建筑格局是到世纪之交才起步。2000年12月，竣工的杭州灵隐铜殿作为中国现代铜建筑新的标志具有划时代的典型意义，该铜殿八易其稿，历时400余天，计万余工而制成。其高达12.6m，以其超过五台山显通寺铜殿4.62m而获得最高铜殿的吉尼斯纪录。

"灵隐铜殿"除以高著称外，其制作工艺也很有特色，历史上的铜殿制作均采用单纯浇铸工艺，而灵隐铜殿是传统工艺与现代新工艺的结合，采用铸、锻、刻、雕、镶、镂、鎏金、点兰、着色、仿古、氧化、封闭十二种工艺，开创了大型铜工程建设中多种工艺综合运用的先河。

"灵隐铜殿"为单层重檐歇山顶的传统古建筑结构，飞檐雕瓦，翼角飞举，翼展达7.77m，底面5m²。歇山顶上龙吻对峙，火球腾金，窗花、斗拱、雀替、龙柱、额、枋均精雕细刻，诸形功美，铜殿正方四面雕有四大佛山的自然风貌，或天苍地茫，玉宇澄清，或古刹巍峨，大江环流，展示巧夺天工的锻雕技艺。殿基有铜砖铺地，须弥座铸有佛山经典图画。铜殿运用现代化表面处理技艺，金灿尊贵，光芒闪烁。"灵隐铜殿"作为传世之作、佛国瑰宝，展示了佛教文化的最新发展，也是中国现代铜建筑的开山之作。

桂林铜塔的出现也是铜建筑历史上值得一书的事。2001 年，桂林市榕杉湖景区改造过程中决定在杉湖景区建日月双塔，其中七层月塔为仿木建筑，九层日塔为钢混结构全铜包覆结构的铜塔。铜塔从杉湖水中拔地而起，高达 47m，游客从水中隧道穿越而登，可谓是创意、结构、工艺新颖的一件现代铜建筑。该建筑的出现创下三个中国第一：中国第一座铜塔、中国第一座水中塔、第一座最高的铜建筑。该塔的设计是杭州著名的园林建筑设计师陈璋德先生，我公司在承建桂林铜塔过程中，深感这是多个领域中的全新挑战，很多技术没有先例可循，无经验可借鉴，只能兢兢业业、一步一个脚印前进。

桂林铜塔的建筑艺术特色在于它忠实地体现了总设计与建设方的要求，在色彩造型等总体上都达到了理想的效果。

桂林铜塔是铸铜、锻铜、刻铜多种工艺交融的艺术品。作者将其发明的两项国家专利,高反差磨花工艺和多层次锻刻铜浮雕工艺,用于铜塔的关键工艺中。其中，多层次锻刻铜浮雕工艺是中国实施专利以来 146 万件中，唯一授权的一件铜雕领域发明专利。它可用于天花吊顶及门窗，在艺术处理上取得了极好的效果；在地宫墙面，铜柱、井道墙面的云、水图案的工艺上也是运用了高反差磨花工艺的专利技术，利用光学上全反射与漫反射在金属光泽上不同的观感特性，正确处理图案花纹刻铜面的不同光洁度，使这大面积的刻铜墙面出现了前所未有的高贵典雅而神奇的艺术效果。

总面积达 $600m^2$ 的刻铜雕艺术品是震撼性的，而且作为铜塔建筑物的有机组成部分，艺术与建筑融为一体，文化与建筑融为一体，这是又一具有深远意义的创举。2002 年 11 月 30 日，在桂林双塔竣工验收会上，桂林铜塔被评为优质工程。

举世瞩目的雷峰塔作为中国现代铜建筑领域一座划时代的建筑之说是不为过的，一是因为其高度达 72m；二是因为它是中国第一座以钢构为骨架，主体为铜构件的建筑；三是第一次以运用彩色铜雕工艺作为塔的主体工艺的铜建筑。

公元 975 年，吴越王钱俶为庆祝黄妃生子，在杭州西湖南岸夕照山上建了雷峰塔。后成为著名的西湖十景之一雷峰夕照。传说《白蛇传》中的白娘子被法海和尚镇于塔下，塔于 1924 年 9 月 25 日倒塌。

雷峰塔于 2001 年重建奠基。重建的原设计要求是钢构混凝土仿木建筑，瓦为陶瓦，斗拱、梁柱多为木制构件。在省市领导的关心下，提出了对新雷峰塔保持中国传统建筑文化的内涵基础上，用材和工艺上是否可有创新和突破的问题，专家论证中对此争议很大。

中国有 3400 多座古塔，多为砖、木、石结构的古建筑，如雷峰塔也采用类似工艺，轻车熟路、得心应手，既合乎复古泥古的思潮，又无任何风险，工期上又比较保险，但这样一来，千古盛名的雷峰塔湮没在三千余塔之中，无风采可言。

在市委书记王国平及雷峰塔指挥部的支持下，作者对国内外古建筑的现状及技术发展趋势进行了广泛调查和深入研讨，尤其是中国传统的铜雕艺术在建筑中应用的优势进行论证。有翔实的技术数据和数十万字的论述，在专家论证会上获得一致赞赏。大家认为雷峰塔不应是一个假古董，应该是一件艺术精品，在钢结构的坚实骨架上穿上一件美丽的青铜新衣。

铜的总计用量达 280t，造价为 2000 万元，瓦为青铜铸成，色泽是稳定的黑古色。斗拱与月梁、额枋的主体色彩为中国传统的富贵红，铜栏杆是典雅的古铜红，用刻铜工艺制成的宋式图案花闪耀着灿灿金光。42 樘壶窗铸、轧、焊组合而成，色泽是预氧化工艺制成的老黄铜色。瓦、斗拱、梁、柱的工艺是作者发明的五项国家专利，其中斗拱达 352 只，计一万三千件部件组成。其中，副阶层角斗伸展尺寸宽为 5m，深为 2.5m，重近 1t，是中国第一铜斗拱。瓦有 3500m^2，成为中国最大的铜瓦建筑物。雷峰塔的铜主体结构使其成为一件极其精美的艺术品，一件大气磅礴的经典古建筑。

古建筑恢复和重建，一直有一股泥古不化之风。或仿宋、仿唐，或仿明、仿清，一砖一木一石，照搬照抄不越雷池一步。雷峰塔的建设不是僵化泥古，而是正确处理了继承和发展的关系。

上述三大建筑已成为中国现代铜建筑的经典，在传承和发展中国的建筑铜文化起到了极好的示范作用。

3　铜建筑的发展趋势及其建筑史上的地位

国外的大型铜建筑尚未发现有关报道,但铜作为建筑构件已广泛得到应用,在国际铜业协会的《铜资料手册》中进行了介绍和报道。

欧洲、美国等国家和地区用薄铜板制作屋顶和漏檐等防雨水构件已有多年传统,在北欧甚至用它作墙面装饰。铜耐大气腐蚀,并逐渐自然风化而演变成高雅的古铜绿色, 也可以着色处理成各种诱人的色泽。用铜板作屋顶具有强度高、美观、耐用、防火、省维护、易成复杂形状、好安装、可回收等一系列优点,不但在古建筑上,而且在现代的许多公用建筑、商业大厦以及住宅楼房上的应用也越来越多。据统计近来作屋顶的铜, 在德国平均每人每年消费 0.8kg,美国为 0.2kg。

过去的几十年里,美国将铜片和铜条用作屋顶材料已呈上升趋势。ASTM B370 规格,即工程建筑所使铜条和铜块,以其多种型号和多种厚度,成为规格和购买的基础,铜金属的竞争性数量推动了这个市场的健康发展,最近认可的规格 ASTM B882,是一种在建筑中应用的预先生锈铜。长期以来,建筑师和工程师们都期望生产使用这种产品,因为他们急切地想用铜制屋顶和建筑横木来发展这种值得称赞的绿色。

国内早在 1809 年西藏布达拉宫红宫的金顶建筑群, 使用了大量的鎏金铜瓦。1929 年,上海外滩南京路口沙逊大厦由香港巴乌丹拿事务所设计、顶部设有 19m 高的金字塔形铜屋顶。台湾省现今有众多铜瓦生产企业,较著名的有金锵企业有限公司、名鼎兴业有限公司、北铜企业有限公司完成了成百幢铜屋顶建筑。人们之所以青睐铜建筑是因为铜不仅象征着高贵、豪华、庄重、温馨,而且铜本质上是一种与人类非常亲善的金属。

铜是一种质地坚硬的金属,耐腐蚀,在各种不同环境中不受损坏。铜在化学活性排序的序位很低,仅高于银、铂、金,因而性能极稳定。铜在大气中还会生成氧化铜膜,防止铜进一步氧化腐蚀。所以当许多同时期的铁制器早已锈迹斑斑,甚至变成氧化物化为灰烬时,铜依然性能良好。铜的寿命远远大于木材,也比石材耐风化,青铜材料理论上寿命达 3000 年以上。铜的这种耐腐性,在建筑方面得到了广泛的应用。

铜还是一种最佳的环保材料，其在环境中的浓度一直处于安全界限之内。铜可以循环使用，不产生垃圾，而再生铜可保持原铜所有的优越性能。

铜作为建筑材料，其良好的导电性在避雷技术上也有独到之处，如前述的武当山铜殿，至今已有500多年历史，虽高耸于峰巅却从没有受过雷击。这座全铜建筑，顶部设计十分精巧。除脊饰之外，曲率均不太大，这样的脊饰就起到了避雷针作用。每当雷雨时节，云层与金殿之间存在巨大的电势差，通过脊饰放电产生电弧，电弧使空气急剧膨胀，变形为硕大火球。其时雷声惊天动地，闪电激绕如金蛇狂舞，硕大火球在金殿顶部激跃翻滚，蔚为壮观。雷雨过后，金殿经过水与火的洗练，变得更为金光灿灿。如此巧妙的避雷措施，令人叹为观止。

铜作为建筑材料的独特优势，使人们逐步接受了铜材料昂贵的价格，而逐渐进入建筑市场，同时铜的良好的工艺性及美学层面上的巨大优势也正在旅游、景观、佛教文化等高档需求前越来越显山露水。因此，铜建筑已开始迎来其发展的黄金时期，也必将在中国建筑史上得到其特殊地位。

4 结语

现代铜建筑的实践已给建筑结构学、建筑材料学、建筑美学及文化、艺术、旅游、佛学等各个领域的理论研究提出了全新的课题，希望通过本文的论述能推动对铜建筑的理论及实践上的探索和研究。杭州作为现代铜建筑发源地，不仅在实践上是铜建筑领域的先行者，而且在理论探索上也应做全国建筑理论界的领衔人。

注：刊于"建筑工程实践与研究"论文集（中国水利出版社）。

作者简介

朱炳仁生于1944年，原籍绍兴，七岁定居杭州，中国工艺美术大师、国家级非物质文化遗产代表性传承人、全国五一劳动奖章获得者、故宫博物院顾问、中国艺术研究院研究员、西泠印社社员、金星铜集团创始人。

朱军岷1969年出生于杭州，中华老字号"朱府铜艺"第五代传人，北京大学宗教系研究生，中国工艺美术协会金属艺术委员副秘书长，金星铜集团有限公司董事长。与其父朱炳仁大师集五代人的艺术精粹打造江南铜屋，为时间造化出一座不可多得的传世瑰宝。